奈米工程概論

馮榮豐・陳錫添　編著

全華圖書股份有限公司

國家圖書館出版品預行編目資料

奈米工程概論 / 馮榮豐, 陳錫添編著. -- 四版. --
　臺北縣土城市 : 全華圖書, 民 99.01
　　面 ; 　公分

　ISBN 978-957-21-7457-9(平裝)
　1. 奈米技術
440.7　　　　　　　　　　　98025470

奈米工程概論

作者 / 馮榮豐、陳錫添

執行編輯 / 蔡承晏

發行人 / 陳本源

出版者 / 全華圖書股份有限公司

郵政帳號 / 0100836-1 號

印刷者 / 宏懋打字印刷股份有限公司

圖書編號 / 0539903

四版三刷 / 2014 年 6 月

定價 / 新台幣 300 元

ISBN / 978-957-21-7457-9 （平裝）

全華圖書 / www.chwa.com.tw

全華網路書店 Open Tech / www.opentech.com.tw

若您對書籍內容、排版印刷有任何問題，歡迎來信指導 book@chwa.com.tw

臺北總公司(北區營業處)
地址：23671 新北市土城區忠義路 21 號
電話：(02) 2262-5666
傳真：(02) 6637-3695、6637-3696

中區營業處
地址：40256 臺中市南區樹義一巷 26-1 號
電話：(04) 2261-8485
傳真：(04) 3600-9806

南區營業處
地址：80769 高雄市三民區應安街 12 號
電話：(07) 381-1377
傳真：(07) 862-5562

序 言

　　奈米科技在二十一世紀前二十年，還繼續會是科技的主流，世界各國先後投注相當龐大的研究經費，希望能由奈米科技的研發，帶動經濟的發展，造福人類。奈米科技的資訊已經非常豐富，在網路上，打上有興趣的關鍵字去搜索，會出現很多有待消化的資料。在全世界同時前進奈米科技的機會點上，我們希望能即時切入，特別是在「高科技本土化」的教育工作上。對於初學者，本土化的教材，能有效縮短與先進國家科技的距離。

　　本著「高科技本土化」的初衷，加上全華圖書公司黃顧問及林副總的力邀，驅使我們去編著這本書。本書第一章至第五章，包含：奈米科技簡介、掃描探針顯微鏡、奈米定位、量測與製造、微奈米機電工程及奈米材料由馮教授編著；第六章奈米生物技術由陳教授編著。書中部分內容，承台大機械系張所鈜教授及本系劉永田教授提供，在此致上感謝。疏漏在所難免，尚祺各位先進不吝指教。

馮榮豐・陳錫添　謹誌

國立高雄第一科技大學

推薦序

　　奈米科技是新世紀的明星，影響之層級深入各領域，許多學者視它為第四波工業革命。因為在介觀尺寸(1～100nm)裡，材料具有新穎的特性，預期會將產業帶入新的發展方向，大幅提升產品附加價值與競爭力。世界各國政府已相繼投入龐大經費，我國政府亦於 2006 年 6 月宣布成立「奈米國家型科技計畫」，計畫之期程為六年，經費總預算約為新台幣 177 億元。

　　正如任何一個新興科技和產業，人才的訓練與培育是發展科技和產業成敗的主要關鍵。整體估計，我國每年大專校院需培養出 1,700 至 3,300 名奈米科技相關專長學生，才能符合奈米科技發展的需求。本校為科技大學，除在教學方面積極推動奈米科技領域的學程外；在研究及服務方面，對於奈米定位、檢測及控制的產業應用推廣亦著墨多時，例如，本校於 2002 年 3 月，率科技大學之先，舉辦「奈微米工程」研討會，推廣精密製程與量測技術。

　　本校同仁馮教授及陳教授合力出版此書，針對奈米工程領域作重點式的介紹，是一本相當不錯的入門書籍，相信必能協助將奈米科技的教育作更迅速更廣層面的推廣。

谷家恆

國立高雄第一科技大學校長

編 輯 部 序

　　「系統編輯」是我們的編輯方針,我們所提供給您的,絕不只是一本書,而是關於這學問的所有知識,它們由淺入深,循序漸進。

　　主要是在簡介奈米科技,特別是奈米工程方面,內容包括掃描探針顯微鏡、奈米定位、量測與製造、微奈米機電工程、奈米材料及奈米生物技術等。

　　適合理、工學院電子、電機、機械等相關科系與業界奈米工程技術人員參考使用。

　　若您在這方面有任何問題,歡迎來函連繫,我們將竭誠為您服務。

目 錄

第2章　掃描探針顯微鏡 2-1

Nanotechnology

第 **1** 章

奈米科技簡介

1-1 前 言[1-3]

近來流行的奈米科技(nanotechnology)，其實不是什麼新發明的技術或事物，而是指研究奈米級大小的技術與產品，而統稱爲奈米科技。

奈米(nanometer)是尺寸大小的單位名詞，參見表 1.1，各種尺寸名稱。奈米是 nano(十億分之一)加上 meter(公尺)，直譯就是「十億分之一公尺，也就是十的負九次方公尺」。在日常生活中，公尺大小的東西例如居家的動物貓、狗，百分之一公尺的東西例如是昆蟲、眞空管來想像。而進入到毫米(千分之一米，十的負三次方公尺)階段，則有半導體元件、微機電及大腸菌。尺寸再縮小到微米(百萬分之一米，十的負六次方公尺)階段，則有病毒、基因鏈、記憶體(DRAM)、單電子元件等。而進階到奈米尺寸大小，則有胺基酸、奈米碳管等產品。如再小下去，則到分子及原子的階段，它們是物質最基礎的結構成分。

表 1.1 尺寸表

Peta-	Tera-	Giga-	Mega-	Kilo-
10^{15}	10^{12}	10^{9}	10^{6}	10^{3}
quadrillion	trillion	billion	million	thousand
Pm	Tm	Gm	Mm	Km
	Milli-	Micro-	Nano-	Pico-
0	10^{-3}	10^{-6}	10^{-9}	10^{-12}
	thousandth	millionth	billionth	trillionth
	mm	μm	nm	pm

　　奈米科技之所以在近期崛起竄紅，主要是半導體進入微米階段後，在 0.13 微米以下製程研發，將會遇到製程的技術瓶頸，而奈米科技乃是針對更細微元件製程的研發，對現在半導體業提供一突破的可能性。對其他產業，奈米科技不僅把東西變小而已，更改變了其物理特性，產生許多新結構及新用途，這點使研究人員十分興奮，也是奈米科技為產業革命原動力的精神所在。

　　最近在電子、機械與其他相關工業，所發展出來的微細精密製造技術，可以製造出微米，甚至次微米的零件和結構。微細精密製造方法，使機械加工範圍縮到微觀的微米大小，利用光蝕刻微影(photo-lithography)、X 光深刻模造(LIGA)、微放電加工、鑽石刀加工和離子束加工(focused ion beam)等方法，可以製造出任意的微型結構，如微型感測器、微型馬達、微型冷卻器、微型機械人等，來應用於汽車工業、航太工業、民生工業、生物醫學與國防工業等。據估計與此微細精密製造有關工業的產值，將來可媲美現今的半導體工業。很多科學家認為奈米科技和產業的成功結合，將會激發 21 世紀的新產業革命。有些人甚至於推測，奈米科技對人類的影響，將遠超過半導體與資訊科技，原因是它不只對電子和資訊工業造成重大衝擊，也會對化學、生物和醫學等技術有同樣的貢獻。

　　運用奈米科技可將 100 億年份的書籍，存進一粒方糖大小的記憶體中，或者具有更強運算能力的量子電腦，能在幾十分鐘內計算完，目前電腦須耗費數百年才能完成之問題，顯而易見的，奈米科技勢必顛覆並改變我們對現今世界的認知。美國前總統柯林頓在 2000 年的聯合國演講中指出，奈米科技為現今三大領先領域之一；而他的科技顧問 Neal Lane 先生在 1998 年的一場國會聽證會上陳述"如果要我指出哪一個科技領域，會對未來產生重大的影響，我會說是奈米尺度之科學和工程"，因此歐、美、日等先進國家，紛紛對此投入大量的研究經費與人力。

　　在材料科學的領域中，已有一些新興的奈米材料開發出來[4]，諸如碳六十，奈米碳管、半導體奈米晶體、中孔徑分子篩等。奈米材料與塊材的差異是，

奈米材料隨著粒徑的大小，在許多物理與化學的特性方面，例如材料強度、模數、延性、磨耗性質、磁特性、表面催化性以及腐蝕行為等，因晶體結構或非晶相排列結構而有所不同。因此，可以將原本無法混合之金屬或其他化合物，加以混合，得到性質較佳之合金，也可以利用奈米粒子，做多方面的應用，例如仿生物材料(biomimetic materials)及催化劑等。

○ 1-2 什麼是奈米？什麼是奈米科技？

如前面所敘述，1 奈米(nanometer，nm)＝十億分之一米(10^{-9} meter)，約為分子或 DNA 的大小。在奈米尺度下，物質會呈現迥異於巨觀尺度下的物理、化學和生物性質。所謂的奈米科技便是運用這些知識，將原子或分子組合成新的奈米結構，並以此基礎來設計、製作、組裝成新的材料、元件或系統。奈米科技由小作大(bottom-up)，與半導體等傳統精密產業由大作小(top-down)的製程，在觀念上相當不同，參考圖 1.1。奈米結構的大小約為 1～100 奈米，介於分子和次微米結構之間。在如此小的尺度下，量子效應已成為不可忽略的因素。許多在巨觀尺度下認為不可思議的現象，在奈米結構下均可呈現。奈米結構不只尺寸縮小，還具備高表面、高體積比、高密度堆積的潛力以及高結構組合彈性的特徵。「微小化」已是 21 世紀科技發展中的一項重要課題，而奈米科技就是以這個主題為導向的科技。

在產業方面，從民生消費性產業到尖端的高科技領域，也都在發展與奈米科技相關的應用。奈米科技不單單只是一門學科，它所涉及包含的層面非常的廣泛，舉凡奈米材料的備製與應用、奈米元件的製作、奈米感測器晶片、監視奈米材料品質的儀器設備及有關生物、環境、材料、物理、醫療技術等，均為奈米科技發展中重要的領域。隨著科技發展日新月異，近年來備製奈米元件材料已有相當的進展，例如場發射器、單電子電晶體、巨磁電阻層等材料元件晶

片，已可以做到比人類毛髮，甚至蛋白質分子還要小的尺寸，可見微小化的奈米產品，已不再是人類遙不可及的夢想[5]。

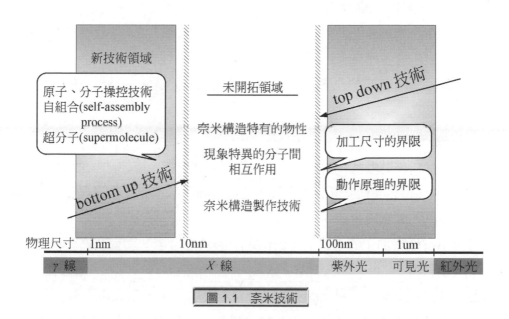

圖 1.1 奈米技術

奈米科技大致可以分為三個領域[4,6]：奈米元件、奈米材料、奈米檢測與表徵(characterization)技術。

一、奈米元件

以分子、原子為起點，製造具特殊功能的元件。為製造具特殊功能的元件，大體有兩種方法："由上而下"(top-down)或"由下而上"(bottom-up)。"由上而下"技術係利用微加工方法，將元件不斷微小化，而"由下而上"技術係操控分子、原子，按照人類的意願進行設計與組裝。

二、奈米材料

奈米材料是指材料的幾何形狀，至少有一個維度，達到奈米尺度，並具有特殊功能的材料，其主要類型包括：奈米粒子、奈米管、奈米薄膜、奈米塊材

等。奈米材料的製作亦可分為兩種方法，由下而上的次微米組合法，而另一種則是由上而下將大結構鑿刻為小結構，以創造出實體的方法。

三、奈米檢測與表徵技術

為了在奈米尺度上研究元件和材料的結構與性質，必須建立奈米檢測與表徵技術，以研究各種奈米結構的力、光、電、磁等性質。

奈米技術的應用[4, 6]，涵蓋之範圍與領域相當廣泛，歸納出幾個方向，分述如下：

一、材料與製造

改變材料與裝置製作方法的奈米技術。挑戰包括：設計材料之合成、生物和生物活化材料的發展、低成本之量產技術的發展以及確認奈米尺度材料功能失靈之原因。其應用包括：

1. 不需機械加工的方式下，製作實際形狀之金屬、陶瓷及高分子奈米結構材料。
2. 使用具有最佳染料及顏料特性之奈米尺度粒子，以改善印刷。
3. 利用奈米接合及電鍍之碳化物，以及奈米塗層，作為切割工具，供電子、化學及結構等之應用。
4. 奈米尺寸量測之標準。
5. 在單晶片上，進行複雜多功能高層次之奈米加工。

二、奈米電子及電腦技術

由於新巨磁阻現象的發現，預計在未來十年內，奈米技術將完全取代舊有的電腦磁紀錄技術。其他有潛力的突破包括：

1. 採用奈米結構的微處理元件，將維持低耗能與低成本的發展趨勢，將電腦之效率提高百萬倍。
2. 具高傳輸頻率及高效用之光通訊系統，使頻寬至少增加十倍以上，可應用於商業、教育、娛樂及國防。

3. 1,000 GB 容量的小而輕的儲存元件，其功能將超過目前達千倍。

4. 具體積小、質量輕、省能源特性之奈米結構感測器系統，具有蒐集、
處理、通訊大量資訊的功能。

三、醫藥與健康

生命系統係由奈米尺寸的分子行為所控制，而目前化學、物理、生物及電
腦模擬等學問，皆匯流在奈米尺度上的發展，其具潛力的應用包括：

1. 快速有效的基因序列，可在診斷與治療產生革命性的影響。

2. 使用遙控或即時活體元件，有效且更便宜的醫療照顧。

3. 新藥物的配方或輸送途徑。

4. 更耐久之人工組織或器官。

5. 視力或聽力輔助。

6. 偵測新興人體疾病之感測系統。

四、航空與太空探測

奈米結構材料可應用在設計及製造重量輕、強度高、熱穩定性高的飛機、
火箭、太空站及太空探測基地等，此外低重力、高真空之太空環境，可以幫助
發展在地球上無法製造之奈米結構或系統。這些應用需求包括：

1. 低動力、高輻射抵抗之高性能電腦。

2. 微太空船之奈米設備。

3. 奈米結構感測器及奈米電子儀器，可促進航空電子學的發展。

4. 絕熱及耐磨耗之奈米結構塗層。

五、環境與能源

奈米科技在能源效率、儲存及生產上，具有巨大的潛能，例如：

1. 奈米催化劑的使用，可大幅提昇化學工業的產能。

2. 介孔性材料其孔隙大小約為 10～100nm，廣泛的應用在石油工業上，
以移除微細之污染物。

3. 以奈米粒子強化高分子材料，可取代結構金屬材料在汽車工業之應用。

4. 奈米尺度之無機黏土或高分子材料，可製造更環保、更耐磨的輪胎。

六、生物科技與農業

生命的基本元素，如蛋白質、核酸、脂質、醣等，皆因其在奈米尺度上之大小、型態的不同而具有獨特的性質。生物合成與生物製程，提供新的方法製造新的化合物及藥物。而奈米技術對農業發展上的直接幫助有：奈米分子工程化合物，可滋養農作物及防蟲、動植物的基因改造工程、動物體內基因及藥物的傳送，奈米陣列的 DNA 檢測科技。

七、國家安全

奈米技術在國家安全的關鍵應用上包括：

1. 經由奈米電子技術，提供各種持續之資訊。

2. 利用奈米電子電腦技術，設計更複雜的虛擬實境模擬系統，以提供更有效的訓練。

3. 大量使用進步的自動化和機器人，降低部隊所需人力、危險性以及改善車輛的性能。

4. 達到軍事平台所要求的更高性能，同時降低失敗率及生命循環成本。

5. 提昇化學、生物、核子感測能力以及災難防護。

6. 設計改良的系統，用來對核子擴散的監督及管理。

7. 連結奈米及微機械元件，控制核子防衛系統。

◯ 1-3　工業革命與奈米科技

工業革命實際上是技術的革命，利用機器代替人力，以大規模的機器替代手工生產的方式，不但大大地降低生產成本，更提高了勞動效率。在 1840 年之後，英國以蒸汽機生產的工廠全面取代以手工生產的工廠。由於蒸汽機廣泛的應用，促進了紡織業、毛紡業、採煤業等輕工業的發展。這時期在生產力和

生產方式，都發生了重大變革，各式的機器製造與改良，如雨後春筍般的發展起來，造就了機器製造業的興盛，並逐漸發展成爲機械重工業。至此，工業革命基本上完成，英國成爲世界上第一個工業國家，工業革命也使得傳統經濟生活，發生了無與倫比的巨變。

整個工業革命，以英、法、德、美、俄爲主，其中法國的工業革命，起自於 18 世紀初到 19 世紀中完成，而德國、美國、俄國一直到 19 世紀 80 年代，才陸續完成工業革命。此階段的工業革命被稱爲第一次工業革命，以蒸汽機爲其主要標誌。工業革命的影響力席捲整個歐洲的政治、經濟、社會、文化、科學、藝術，尤其對於數學、物理、化學、機械的相互影響，更是直接貢獻於工業革命的持續創造與發展，進一步地使輕、重工業的製造均發生巨大變革。

由於熱力學與電磁學的物理理論發展完備，19 世紀末期的工業革命，主要以內燃機與發電機來代替蒸汽機。內燃機與發電機燃燒煤或石油，產生穩定和大量的電力，使電力成爲現代文明主要的能源，支配著整個社會經濟生活的脈動，這個階段稱爲第二次工業革命。電力的優點，在於容易傳輸又可作訊息的傳遞，因此電力時代，主要表現在電力的使用和訊息傳輸兩方面。在電力使用方面，有發電機、電動機和電燈的發明；在訊息傳輸方面，有電報、電話、電視和電腦網路等傳播工具。隨著電(發電機)汽(內燃機)的廣泛應用，石油、電力與汽車等工業成爲 20 世紀最大產業，而掌握石油、電力與汽車等工業，即掌握世界的資源與財富。英、法、美、德、俄、日等典型的工業國家，均視石油爲國家生存命脈。

進入 20 世紀中後期，人類開始使用電子計算機，第一台電子計算機 ENIAC，是由美國賓州大學於 1945 研製成功，又稱電腦(computer)，文明演變的速度更加迅速，自此爲第三波的工業革命。人們本以爲可藉由電子計算機與資訊網路的傳遞，更方便規劃自我的人生與他人的溝通，但事實的結果，卻更加封閉於窄小空間與隔絕外界。電子計算機發展於 20 世紀中期，是一種以機

械與電子元件組合的機器，可以做數學運算、數據處理及記憶，其運算速度快、誤差小、數據處理量大且數據記憶長久。例如現在美國英特爾(Intel)公司的Pentium 4型中央處理器(CPU)的運算頻率，可達數百 GHz 以上，大大取代原本需要人腦服務的工作，如龐大的電腦文書與繪圖軟體，可替人類做私人秘書，此為電子計算機的應用良好範例。而軟體製造業也悄悄地取代石油與汽車工業，成為世界上最大的產業，如美國的微軟公司(Microsoft Corporation)。稍後 20 世紀末期，資訊傳遞技術的突破與成熟，可將文字、圖畫、語音及影像快速傳至遠處，成為 20 世紀末最偉大的成就。其中以電腦為媒介的虛擬網路產業，為此時期的新興產業，其影響力已迅速超越各個產業，為經濟投入一份新的活力，也替不少有創意的年輕人創造巨額的財富。雖然網路產業，因全球不景氣與投資過度而泡沫化，但網路產業仍為未來經濟發展的主軸之一，因為掌握新的資訊就掌握先機。

電腦資訊網路化能力，已經成為綜合國家力量主要指標之一，現在的電腦與家電用品講究輕、薄、短、小、多功能性，及追求越來越精密準確的電子儀器和高速網路通道。體積小傳輸速度快的下一代電子產品，正將我們推向另一波工業革命的高潮，而奈米科技就是 21 世紀的工業革命，也就是第四波工業革命。如果說 20 世紀的第三次工業革命，是結合微電子學技術、超大型積體電路製造技術、電腦技術與通訊網路技術而形成今天的「電子工業」(及半導體工業)，那麼毫無疑問，現在的第四次工業革命，將是結合奈米技術、奈米元件製造技術、量子計算技術與量子通訊技術所形成未來的「量子工業」。每一次工業革命都帶給人類生活極大的改變，以奈米技術為軸心的第四次工業革命，可預測將對人類的生活造成很大的衝擊，而且是全面性的徹底改變。全球視奈米科技為下一波產業技術革命，是製造工業下一階段的核心領域，也將會重劃未來全世界高科技競爭的版圖，更可能為人類生活帶來嚴重的衝擊。

● 1-4　國內奈米科技相關動態簡報

　　奈米工程技術，已成為成世界科技的潮流與新經濟的希望。美國、日本與歐洲各國在 1980 年代，早已投入奈米工程技術的研發。我國學術界與工業界，目前也積極投入奈米工程技術的發展；其中學術界，包含中研院、國科會與各大學校等；工業界，包括工研院與各大公司等。本節對行政院所宣佈的重大時事及國內奈米科技相關動態，作一描述。

　　2002/01 工研院指出，具有量子與表面新物理效應的奈米科技，對傳統產業轉型及科技產業技術，都將產生革命性改變。工研院光電所宣佈，將投入奈米級儲存技術的開發，未來將有容量高於現行 DVD 光碟數百倍的奈米級光碟片。另外，工研院電子所則發表利用奈米電子技術，提升現有晶片的密度與速度、降低消耗功率等。尋求更快、更低耗能及更微小的元件，是國際上 IC 發展的共同目標。工研院電子所指出目前奈米電子技術發展包括：自旋電子(spintronics)、新介電材料(new dielectric materials)、奈米碳管元件(CNT devices)及量子元件(quantum devices)等四個主題。

　　2002/02 經濟部工業局，為配合奈米國家型科技計畫，落實產業應用奈米科技，將協助傳統產業培育更多奈米技術精兵，促使傳統產業搶搭奈米科技飛快車。駐加拿大代表處科學組表示，加拿大有前瞻性的奈米材料、IC 設計及奈米醫療儀器開發能力，台灣則有強大的製造業及快速產業化的生產能力，並已積極投入奈米科技研發。台灣積體電路公司指出，台灣在半導體奈米技術，有機會領先全球。

　　2002/03 工研院能資所指出，「染料敏化太陽能電池」發電技術，主要是透過奈米染料層吸收太陽光，轉換成電能，由於發電效能提高、成本低，未來如能與建築物的外牆、窗材建材結合，可使建築物自備電能，極具開發價值。「染料敏化太陽能電池」是以玻璃為承載基材，利用多孔性的奈米結構電極層

表面積的特性，大幅提升光電轉換效率。工研院經資中心表示，奈米技術在新世代產業的應用，粒子化技術可運用在電子、磁性材料與光電工業，應用種類如化學機械研磨液(CMP)、磁紀錄媒體、光學纖維、導電性塗料、磁性流體油封、多層陶瓷電容器、螢光物質、太陽電子、量子光學裝置等九項。

2002/04 中研院物理所指出，為使學術研究和產業發展有效結合，將及早確認成熟科技及產業升級所需要的奈米科技技術，未來學術研究團隊和產品研發團隊，將定期召開雙向討論會，對創新研究成果產業化進行可行性評估與技術轉移。工研院化工所指出，奈米科技應用在塑膠產業上，可使全表面能量大幅提升；而奈米高分子材料，能提升耐熱性、剛性，具阻氣、低吸濕、難燃性等特性，目前較成熟已商業化的是「奈米尼龍 6」聚合技術。經濟部技術處表示，奈米技術能提升傳統工業製品功能，革命性地應用在新興產業或提供給技術層次更高的產品應用，為傳統產業升級找到新契機。奈米技術的研發，在美、日、歐等國較台灣早了十餘年，專家均認為，台灣所幸已在此時此刻了解奈米的重要性。工研院奈米技術中心，分析未來有二項重要的切入點，其一在於技術平台水準的維持，其二是材料開發和檢測技術，此兩點對核心技術的培養將具有關鍵作用。

行政院確定，將奈米技術發展納入行政院「挑戰 2008 六年發展重點計畫」，自 92 至 97 年分二階段進行，政府將投入 231.72 億元，全力推動台灣發展奈米科技。中央研究院物理研究所表示，明年起政府將在六年內投入新台幣 231 億元，全面推動奈米技術研發；奈米技術除了與資訊工業、機械工業、生物科技、生物醫學有密切關連外，也可說與各項民生工業都有關係，需要大量技術與人才。

2002/05 中央研究院物理研究所指出，奈米科技能協助產業發展，再造台灣經濟奇蹟，在基礎(傳統)產業方面，奈米科技可開創材料、化工、機械、能源等產業新穎的應用技術與新產品研發；在資訊科技產業方面，奈米科技可協助半導體、顯示器、資訊儲存及儲能等突破發展瓶頸；在生醫科技產業方面，

配合基因體計畫，發展奈米生物技術，可建立創新的生醫科技產業。經濟部工業局表示，透過奈米技術產業化能力的建立以及相關獎勵措施、週邊環境的建構，預期在 2008 年奈米技術衍生與應用產值達新台幣 3000 億元，生產與投入應用廠商達 800 家以上，將奠立台灣奈米技術產業化的基礎。

　　台大物理系表示，有關光碟片容量提升，多以縮短讀寫光源波長，以及增加讀寫頭聚焦透鏡孔徑的光學方法，達成縮小讀寫光點、增加記錄密度與容量的目的。台灣師範大學化學系表示，奈米元件還要 5〜20 年的時間，才能落實在產業界，雖然利用 DNA 分子作為電子元件進行計算，距離實現還很遙遠；但奈米材料、偵測儀器等早已展開應用，油漆粉裡都已有奈米材料，台積電研發亦已進入奈米等級，能為台灣在國際間佔到競爭優勢的地位。

　　工研院表示，與成大合作的「微奈米技術研發中心」，將扮演與南部學術界合作的窗口，南部各大學都將透過這個機制，與工研院進行合作交流。成功大學指出，中部以南，包括中興大學以內的 26 個大學和技術學院，都已經加入這個團隊，近日將有 16 個計畫向微奈米研發中心提出，審核通過後，會推展更多技術發展。工研院微機電系統技術組指出，該研發中心，未來將會有大型的計畫，主要方向是朝向「光、聲音、通信資訊」的合作研發。工研院進駐南科分部，研發領域含括光電所、機械所、電通所、電子所、能資所及環安中心等相關技術，同時也將推動研發的奈米列車開進南科。

　　2002/06 工研院工業材料所指出，台灣奈米技術五年內，可讓手機電池待機 50 到 100 天，充電只需數秒鐘，手機普及率全球居冠的台灣，民眾未來使用行動電話，不必再為不來「電」而煩惱！工研院經資中心指出，醫療儀器相關技術日新月異，奈米機械元件、隨身佩戴式化學感測器、居家保健應用醫療器材等前瞻產品，已成為未來醫療儀器的代表產品，將為醫療單位、醫師、護理人員以及病患創造雙贏互惠。

　　行政院宣布，未來五年政府將在奈米技術，投入 230 億餘元大手筆經費，朝基礎研究、產業化、核心設施及人才培育發展。預估 2008 年我國奈米產業，

年產值可達新台幣 3000 億元，至 2010 年全球年產值可達 1 兆美元，是所有產業中，潛力極高的新興產業。

國科會表示，奈米科技被譽為 21 世紀新興產業，預測未來奈米科技所產生的新材料、所衍生的裝置、新應用，將遍及光電、電腦、記錄媒體、機械工具、醫學醫藥、基因工程、環境與資源、化學工業等。國科會表示，「奈米國家型科技計畫」執行期限自民國 92 年起至 97 年止，全程六年，規劃總經費約為 231 億 7 千萬元，規劃內容包括學術卓越、產業化技術、核心設施建置運用及人才培育等四項分項計畫。國科會通過三個新增國家型計畫議案及規劃案，包括「奈米國家型科技計畫」、「數位學習國家型科技計畫」，以及「生物藥物研發國家型計畫」構想規劃案。

2002/07 工研院化工所指出，奈米碳球具有特殊的光、電、磁性質，應用涵括光電、奈米、生醫領域，極可能成為 21 世紀最重要的材料之一，因此這項技術除了製備高純度奈米碳球外，也計畫用來開發分子級元件的"短奈米碳管"。中研院數理科學組表示，台灣不乏優秀的科技人才，但是奈米世代，更需要具備創造力的人才，有必要從現階段開始，自基礎教育推動改革。政府大力支持，重金提撥的奈米國家型計畫，經由各界的齊力合作，台灣在未來 15 年，成為奈米產業的製造王國，不是一項很困難的目標，而我們也不該自限於此，應該是把眼光放在成為世界級創新領導、全球奈米的創造源頭。

經濟部表示，租稅優惠等獎勵措施，將可引入奈米技術運用於傳統產業與高科技產業，定出優先指標產品，並發掘國內應用奈米技術的產業與廠商。經濟部工業局將以促進新興產業發展及協助傳統產業升級，除修正獎勵辦法外，也將研擬「奈米技術產業化推動計畫」。行政院國科會國家高速電腦中心表示，「台灣學術研究格網整合計畫」主要著眼於未來指標產業的發展與整合的需求，例如生化科技、奈米科技產業等，皆需高速的運算環境，以進行模擬設計與創新研究。更重要的是，未來新興產業多以知識經濟為主體，研究資料庫的整合與國際接軌能力，更是未來發展關鍵。

　　2002/08 經濟部表示，產業科技研發，是促進產業結構升級的重要因素，科技專案是我國推動產業技術研發最重要的政策工具，長期以來學術界缺乏與產業界長期、大規模互動，希望藉由學界科專固定的研發團隊，促成從事主題式研發的研究中心，使學界的成果能落實在產業界。經濟部指出，行政院推動的「挑戰二〇〇八—國家發展重點計畫」將整合台灣研發資源，設立多個研發中心等，並且特別為中小企業規劃、發展為中小型科技產業，希望在六年內，讓台灣在特殊領域中，成為「亞洲最好的創新研發基地」。

　　由政府所公佈之各項奈米相關重大時事可知，奈米工程技術確實為未來科技主流，此外因台灣地少人稠，奈米技術的優點更適於在台灣發展，未來台灣的科技發展應以奈米科技為重點。

● 1-5　奈米國家型科技計畫[7-9]

1-5-1　規劃藍圖與願景

　　奈米科技，將是 21 世紀科技與產業發展最大的驅動力，不僅使科學與技術領域創造新事物的可能性變得無可限量；奈米科技正在創造新的一波技術革命與產業，對人類的生活影響將是全面的，不僅改變我們製作事物的方法，同時也會改變我們所能製作事物的本質。預測未來奈米科技所產生的新材料、新特性及其衍生之新裝置、新應用及建立之精確量測技術的影響，將遍及儲能、光電、電腦、紀錄媒體、機械工具、醫學醫藥、基因工程、環境與資源、化學工業等產業。奈米技術將成為下一世紀資訊技術時代的核心，沒有一個國家一個公司可以輕忽它的重要性。各個先進國家均將奈米科技，列為最優先的研發領域。

　　科技乃國家經濟成長之重要推手，我國不斷藉由科技的提昇，帶動經濟的發展。從我國整體產業結構來看，未來如何掌握知識經濟時代創新的特質，從

大規模標準化的生產模式，轉型到注重設計與創新價值，奈米科技實為台灣產業下一波發展的重大威脅與轉機。我國應集中全國資源，深耕我國迫切需求的重要奈米科技，並快速地擴散奈米科技從研究至產業界，提升我國整體科技及產業實力，期望奈米科技，可以成為台灣整體產業新的火車頭，使我國既有的優勢產業競爭力再一次躍升，而基礎產業同時轉型與升級。

奈米國家型科技計畫目的，就是要整合產學研力量，建立我國發展學術卓越和相關應用產業，所需要之奈米技術平台，同時加速培育奈米科技人才，奠定我國奈米科技厚實之基礎；並且全力推動「創新」和「整合」，善用奈米科技帶來創新的機會，結合我國在高科技製造業的優勢，以及在學／研機構長期建立之研發能量，著重在奈米技術創新前瞻之研究，結合既有的快速產業化能力，期待奈米技術引領各相關產業新技術及新產品之創新，開創我國以技術創新、智權創造為核心之高附加價值知識型產業。

1-5-2 規劃範圍

奈米國家型科技計畫規劃範圍包括，學術卓越、產業化技術、核心設施建置與分享運用、人才培育等四項分項計畫，此外，在計畫推動上亦成立計畫審議小組、產業推動小組、國際推動小組和行政支援小組。詳細之規劃範圍如下：

表 1.2 奈米國家型科技計畫規劃表

表 1.2　奈米國家型科技計畫規劃表(續)

學術卓越
- 奈米結構物理、化學與生物特性之基礎研究
- 奈米材料之合成、組裝與製程研究
- 奈米尺度探測與操控技術之研發
- 特定功能奈米元件、連線、介面與系統之設計
- 微/奈米尖端機械與微機電技術發展
- 奈米生物技術

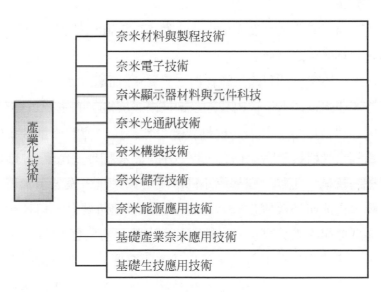

產業化技術
- 奈米材料與製程技術
- 奈米電子技術
- 奈米顯示器材料與元件科技
- 奈米光通訊技術
- 奈米構裝技術
- 奈米儲存技術
- 奈米能源應用技術
- 基礎產業奈米應用技術
- 基礎生技應用技術

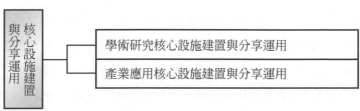

核心設施建置與分享運用
- 學術研究核心設施建置與分享運用
- 產業應用核心設施建置與分享運用

1-5-3 推動目標與策略

計畫之目標以人才培育和核心建置為基礎，達到『學術卓越研究』及『奈米科技產業化』目標，並秉持四項規劃原則：

1. 學術研究設定高目標，達到卓越化和國際化。
2. 結合國內外學術界卓越研究成果和研發單位之「快速產業化」能力，將「介觀世界」的特殊現象與「市場機會」結合，建立我國以技術創新、智權創造為核心的高附加價值知識型產業。
3. 以我國「強勢產業」的比較優勢為切入點，逐步擴充至新興領域，開創新機會。
4. 強化創新研發人才培育養成，並建置核心設施，以提供分享運用機制，奠定長期競賽之基礎。

藉由奈米科技來引領我國知識經濟之發展，從而建立我國下一波產業之國家競爭優勢，在此原則下，提出我國奈米技術發展規劃的主要目標有四：

1. 藉由「學術卓越」計畫，提昇我國奈米科技研究的原創性，確保我國在國際奈米科技舞台上佔有一席之地；激發物理、化學、材料、化工、電機、機械、生物、醫學等不同專業研究人員，投入奈米科技研發的意願，促成研發團隊之整合，進而帶動各種新興奈米科技相關產業的發展，並與國人分享奈米科技所孕育出豐碩的果實。
2. 藉由「產業化技術」計畫，建立我國所需要之奈米技術平台，促進奈米技術產業應用，落實核心技術持續養成，奠定我國奈米科技厚實之基礎。並與學術卓越、人才培育、核心設施建置與分享運用計畫，建立良好的互動機制，加強和產業應用領域知識之結合，建立快速擴散平台技術至產業界之模式。全力推動「創新」和「整合」，結合我國優勢產業及相關基礎學術研究，以期六年內成為奈米科技產業化的世界先導國之一。公元 2008 年，我國奈米技術應用影響產業值達新台幣

3000 億元，投入研究及應用廠商家數達 800 家以上，奈米技術應用產品中自行研發 IP 佔 10%以上。公元 2012 年，相關影響產業值則達新台幣 1 兆元，投入研究及應用商家數達 1500 家以上，奈米技術應用產品中自行研發的 IP 佔 30%以上。

3. 藉由「核心設施建置與分享運用」計畫，建構國際級奈米共同實驗室，以知識化網路提供奈米檢測／製程服務。以奈米專長領域之 processing technology、domain knowledge 以及設備平台技術，發展奈米檢測／製程設備。整合國內學術界、產業應用奈米科技研發人才、資源和尖端設備，追求卓越的奈米科學研究與產業應用技術的研發，並提供國內學術研究、產業應用研究之技術及量測支援，以促進國內奈米產業的發展。再建立平台技術時，將依產品特性及平台適用性，分別以奈米電子、奈米光通訊、奈米平面顯示器、奈米儲存、奈米材料／加工製程、奈米生技、奈米儲存材料、奈米構裝、奈米傳統產業的研發為載具，於建立核心技術時，又可以開發前瞻性產品，縮短開發時程及擴大研究廣度。

4. 藉由「人才培育」計畫，配合奈米國家型科技計畫規劃之工作方向，結合學校、各專業學會、研究單位、產業、中小學教師等力量，迅速提供我國發展此一重要國家型計畫所需之各種跨領域奈米人才，且配合教育部所擬定之科技教育發展策略目標，使我國持續保有競爭力。6年內建立自中小學、大學、研究所之我國企業所需跨領域奈米科技人才之數量。每年各大學及技職學校培養出 1700 至 3300 名奈米科技相關專長學生，在職教育每年訓練出 2000 至 4000 名專才，達成我國奈米國家型科技計畫之規劃。值得注意的是，奈米科技國家型計畫所要求之跨領域人才培育，乃基於奈米國家型計畫人才培育之兩大目標：

(1) 訓練可以從事或領導奈米科技研究工作之人員。

(2) 訓練可以認知奈米科技價值，並能將奈米產業商業化之人才。

因此奈米科技領域之跨領域人才，絕對不僅是傳統所言各科技領域之跨領域整合，而是須具備包含工程應用、基礎科學、生技醫藥、智慧財產權、科技法律、人文社會、經營管理等領域之全方位知識整合人才。奈米相關人才的培育，其內容除需涵蓋工程應用(化工、材料、機械、力學、電機、環工、醫工、微機電等)、基礎科學(物理、化學等)、生技與醫藥(生化、農化、醫工、藥學、分醫、生理、醫學等)等重要領域外，還應提供智慧財產權與科技法律、經營管理，以及奈米科技對人文社會的衝擊等領域課程，以符合奈米人才計畫之規劃目標。

● 1-6 自然界中的奈米現象

人類在近幾十年才開始研究奈米技術，然而奈米原本就存在於大自然中，例如：荷花能夠出淤泥而不染，其奧妙在於荷葉上佈滿了精密的奈米結構，使得污泥與塵土無法沾附，而珠落在荷葉上，只能滾動而不會擴散。蜜蜂身體內有磁性奈米粒子，具有羅盤的導航功能，使蜜蜂飛行時不會迷失方向。蛇也利用奈米原理求生存，在電子顯微鏡下觀看蛇頭，可看到和人造紅外線天線很像的奈米結構。人類的牙齒由奈米級磷酸鈣組成，堅硬無比，能承受極大的磨耗和壓力。中國古代鑄劍大師，可能已經創造出奈米晶體結構，使得生鐵鑄成的寶劍既不鏽蝕，又能削鐵如泥。其他還有像龍蝦、鴿子、海龜、候鳥、細菌等例子。

1-6-1 蓮花效應

蓮花葉子的表面上，有大小約為 1 奈米的懼水性臘晶體，而在這個佈滿奈米級顆粒的表面結構上，水分子不易與表面接觸，污泥亦不容易沾附在其上，這種特性讓蓮葉具有「自我潔淨」的功能。蓮花效應正好提供我們一個方法，來維持物體表面的乾淨，正所謂「以天地為師，以自然為友」。亞洲蓮花葉子

上的一顆水滴，在滾落的過程中，能吸附灰塵粒子，如圖 1.2 所示。蓮葉上的乳突體，見圖 1.3，大約都有 5 至 10 微米的高度，而且本身都會有大約 1 奈米的懼水性臘晶體奈米結構；因此，任何污物都很難附著在上面。不論有顏色的液體或如蜂蜜般的粘稠液體，或是極微小的東西如植物的芽胞、細菌等，都無法沾附在蓮花的表面上。此外，水滴滴在蓮花葉片上，形成晶瑩剔透的圓形水珠，而不會攤平在葉片上的現象，也是蓮花葉片表面的「奈米」結構所造成。

圖 1.2　吸附灰塵粒子的水滴[2]

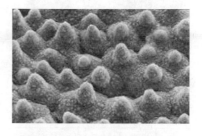

圖 1.3　蓮葉上的乳突體[2]

　　蓮花為何能出污泥而不染呢？我們以固、液、氣界面的三角關係來解釋，當液體潤濕固體表面時，原本氣－固的界面被液－固的界面所取代，固體和氣體間的界面張力會將液－固界面拉伸。換言之，被濕潤的固體表面有較低的界面張力，所以液體會在固體表面擴張。當液體滴在固體表面上時，固體表面和液滴切線的夾角，稱為接觸角。水在一般石臘上的接觸角約 110 度，這是因為臘為飽和的碳氫化合物，所以極性較低，有較低的表面能。但是，由實驗結果發現，水在蓮葉上的接觸角高達 160 度，所以除了臘的組成之外，只有奈米結構才能使水在蓮葉上的接觸角高達 160 度。當灰塵附著於蓮葉表面上時，因為蓮葉表面的纖毛結構，使灰塵和蓮葉的接觸面積減少，因此減少了灰塵和蓮葉間的吸附力量。而當水滴由葉面上滾過時，由於灰塵和水滴間的接觸面積大，灰塵粒子和水滴間有較強的吸附力，所以葉面上的灰塵很容易就被水滴帶走。

　　我們試著將木頭表面由 BASF 蓮花噴霧劑處理過，這種塗裝處裡使得這個表面非常防水，具有超級的懼水能力。利用這樣的原理，將任何物體的表面

處理到奈米級的水準，使任何的污物都無法沾附其上，如圖 1.4 所示，雨水來時就可將污物帶走，使物體表面恢復如新。

未處理過的表面，雨水無法帶走污物[2]　　　處理過的表面，雨水則將污物帶走[2]

圖 1.4

1-6-2　自然界的動物

英國的科學家發現，蜜蜂的腹部具有磁性奈米顆粒，這種奈米顆粒具有「羅盤」的功用，可以做為蜜蜂的行動導航，使蜜蜂飛行時不會迷失方向。

印象中「橫行」霸道的螃蟹，在他們第一對觸角裡也有幾顆用於定向的磁性奈米顆粒，就像幾個小小的指南針。其實螃蟹的老祖先也曾堂堂正正的前進後退，行走自如，只是億萬年來，由於地球磁場發生多次劇烈倒轉，使的螃蟹體內小磁顆粒發生嚴重的混亂，完全失去原先的定向作用，最後使他們失去了前後移動的能力，變成必須「橫行」天下。

佛羅里達海岸外的刺龍蝦，唯一生存的機會是，冬天來臨前遷徙到達比較溫暖平靜的深海。雖然它們經常在夜間遷徙，但仍然能維持游向。當水中懸浮泥沙很多、視線不良時，它們也能遷徙。波浪和洋流從各方沖衝時，它們也能遷徙。為了查明龍蝦是否能感覺磁力，科學家裝置了一個可以控制磁場的水

槽，龍蝦放進水槽中，實驗室試驗結果證實，龍蝦具有奈米磁顆粒，能依地球磁場辨識方向的能力，顯示它們能偵測地磁，而引導它們的遷徙。

生物學家對於綠海龜萬里遷徙產卵的現象感到好奇，尤其是從美洲到非洲這整個迴游的旅程，可能需歷時數年或十數年，而海龜如何在茫茫大海中確認方向，經由科學家實驗得知，海龜同樣是靠身體裡的磁性感應元件，來感應外界磁場的變化，指引其游水的方向。

科學家蒐集加州沿海、鹹沼澤裡的細菌，研究它們的磁力特性。這些細菌沒有長眼睛，而且它們的質量非常微小，不受地心引力的影響，卻能在積水下的汙泥裡尋找食物。細菌雖然是簡單的單細胞生物，但它們航行的方式跟哥倫布一樣，科學家在監視幕上看到，細菌從泥沙微粒中游出來，聚集在離磁鐵棒端最近的水滴邊緣，它們聚集一陣子之後，把磁鐵棒極性反轉過來，細菌會遠離這水滴的邊緣。細菌跟鴿子和龍蝦不同，它們找尋方向的機制，經由放大十萬倍後的電子顯微鏡照片，發現細菌是活生生的磁鐵棒。細菌現在正在做的是，製造單磁疇大小的磁石粒子，然後把它們排成鏈狀，形成一個永久磁針，大小正好讓細菌游動時，跟地球磁場同方向。但細菌是否真往北走？不一定，它們可以游到有食物的地方，作用跟磁針漂浮試驗一樣，觀察這些細菌時，粒子鏈很像貫穿細菌的脊椎。細菌能在體內產生礦物，是非常有趣的事實，如同人類的一樣，骨骼和牙齒都是礦物。

大自然為無機晶體在生物上的應用，提供了一個美妙的例證，那就是不起眼的磁感細菌(magnetotactic bacteria)。這種生物生活在水中以及水底爛泥裡，只在一定深度的水域或沉積物中才活得好。太淺的話，氧氣的濃度太高，不為它們所好；太深了，氧氣又不足。所以偏離了理想深度的細菌，就必須游回原來的位置。因此，如同它們的許多近親一樣，這種細菌會揮動鞭子般的尾部，向前推進。由於重力對這種浮游的細胞，可以說沒什麼作用，那它們又如何分辨上下呢？答案是這些細菌體內，有一串約 20 個磁性晶體形成的鏈狀構造，每個晶體大小在 35～120 奈米之間。這些晶體連在一起，就構成了一個微型羅

盤。由於地球上大多數地區的磁場是傾斜的，磁感細菌可以根據磁場的上下方向，而到達它的目的地。

這種羅盤是自然界奈米工程的奇觀。首先，它以完美的材質製造，不是磁鐵礦就是等軸磁硫鐵礦，都是高度帶磁性的鐵礦物質。會用上多個晶體，也絕非偶然；在那麼微小的尺度下，磁性顆粒愈大，磁性保持得也愈久。但如果顆粒變得太大，又自然會形成兩個分離的磁區，各有相反的磁性；這種顆粒並沒有多少整體的磁性，無法成為有效的羅盤指針。但藉由選擇大小剛好，具有穩定、單一磁區的晶體就可以用來當作羅盤，而這些細菌對於所選用的每一分鐵質，都做了最佳應用。有趣的是，我們在設計電腦硬碟儲存用的介質時，採取了一模一樣的策略：使用大小適中，既穩定又堅固的磁性奈米晶體[10]。

在花間飛舞的蝴蝶，其翅膀上的斑斕色彩，其實是鱗粉上排列整齊的次微米結構，如圖 1.5 所示，日光照射後產生入射光反射、散射、干射等光學效應，使蝶翼有七彩的彩虹效應。

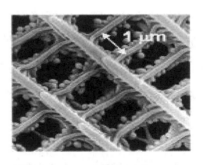

圖 1.5　翅膀鱗粉具有光子晶體結構的蝴蝶[2]

其他像澳洲海老鼠的毛髮，具有六角晶格結構，為生物界的光子晶體又添了一例。雁鴨及鵝類動物其羽毛上，具有奈米顆粒的防水結構，故可浮於水面上。水黽的足部末端，具有奈米顆粒的組織，所以可行走於水面上。此外人類和動物的牙齒堅硬無比，原因在於牙齒的外表排列著奈米尺寸的微小晶體。

1-6-3 其　他

越王劍千年不壞，主要原因是劍的表面有一層鉻鹽化合物。鉻是極耐腐蝕、極耐高溫的稀有金屬，熔點在 4000℃左右。地球岩石中含鉻量很低，提取不易。科技尖端的國家如德國、美國，遲至 20 世紀(1937、1950 年)才發明並申請鉻鹽氧化的技術專利，而兩千多年前，中國就已運用成熟，怎不教人驚訝？另外，這些青銅器等表面，均含大量的奈米及晶粒。這或許也是讓寶劍削鐵如泥最大的原因吧！

蛋白石為光子晶體[11]，如圖 1.6 所示，雖然是個新名詞，但自然界中早已存在有這種性質的物質，盛產於澳洲的寶石蛋白石即為一例。蛋白石是由二氧化矽奈米球(nano-sphere)沉積形成的礦物，其色彩繽紛的外觀與色素無關，而是因為它幾何結構上的週期性使它具有光子能帶結構，隨著能隙位置不同，反射光的顏色也跟著變化；換言之，是光能隙在玩變彩把戲。

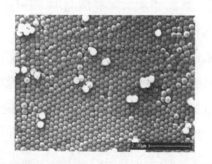

圖 1.6　蛋白石是礦物界的光子晶體[11]

1-7　奈米科技與生活

市面上奈米商品已陸續問世，但產品是否達到奈米級，真偽難辨，只能藉由奈米檢測以及認證分析證實。關於國內奈米技術與產品量測，經濟部智慧財

產局將建立奈米技術標準，奈米檢測將邁入標準化。奈米或非奈米商品，其實肉眼是無法分辨的，例如，奈米口罩或奈米光觸媒，一般人很難分辨真偽，廠商最好是透過良好的認證，取得認證標章，作為產品品質保證的基礎。至於奈米認證，由於必須將透過量測與設備檢測，將帶來國內外量測設備與服務的商機。國內量測儀器市場規模已明顯擴大，包括在半導體業的 VLSI 超大型積體電路測試系統、電子產業的三機一體三次元的量測儀，以及奈米產業的商用原子力顯微鏡等領域。

1-7-1 食

食品保存最怕氧氣，因為容易孳生細菌。在塑膠袋(聚乙烯)、保特瓶(聚酯纖維)等高分子聚合物中，添加奈米顆粒，可以增加分子間的緻密程度，使得氧氣不易進出，提高阻擋氧氣的能力。大陸的葵花籽包裝、歐洲的啤酒瓶、美國的果汁瓶，在食品包裝上添加了奈米顆粒，延長保存期限。酒也會因為奈米技術而變得更好喝，酒經過奈米對撞機處理，在極高的頻率下振動，把醛類、甲醇全部氧化成酯類，增加酒香。

水是由許多個 H_2O 分子組成的環狀結構，分子對撞機可以撞開這個環狀結構，使分子大小接近奈米級，更容易為人體所吸收。奈米水因為細小，能快速的穿透細胞膜，進入血管、脂肪，促進脂肪代謝和排出。於一般水和奈米水的不同，在於一般水滴在蓮葉上會形成顆粒狀，而奈米水則呈扁平面狀。

啤酒的生產過程要靠酵母菌慢慢發酵，所需要的時間相當長，而粉碎分子對撞機，目的就是要讓酵母的分子達到「奈米化」，來加快酵母菌反應的速度。所以，奈米啤酒賣的是，生產過程運用奈米技術的啤酒，並不是指啤酒本身是奈米級尺度。剛研發成功的「奈米微泡生成技術」，與台灣菸酒公司技術合作，將其應用在啤酒及氣泡酒的產製，是為奈米科技用於酒精飲料的首例。

傳統的金箔，是經過加工成為薄片，再應用於糕點或飲料中，缺點是純度不一，多數為了要顧及金箔的完整性，經常會添加其他的金屬，同時在食用的

安全性上，也沒有實際的數據或實驗証明。但是拜科技之賜，新一代的奈米金，運用物理切割把純金微小化、奈米化，達到 10 億分之 1 米，比頭髮更細，甚至比細胞更小的物質，目的是要讓人體更容易吸收，只要食用微量，就可以達到一定的功效[12]。

奈米金(nano-gold)於蛋白結構學、蛋白化學及生物感測器的生物科學應用上，成為近來熱門的發展項目。就國內而言，黃金食品領域才起步，衛生署目前核准的黃金添加物的項目，以酒類和糕餅、糖果為主。台灣鐵路管理局為慶祝成立 116 周年，推出「玉山京華金醇」紀念酒，採用台灣菸酒公司釀製的玉山高粱酒，添加奈米級微粒金粉或金箔，為國內首創的奈米金酒。實驗結果發現，奈米金與高粱結合後，改善了高粱辛辣的口感，變得更香醇，溫和好入喉。

在國外金箔相關產品就相當多元化，例如最近引進一系列的法國保養品，也是將奈米金應用在洗面乳、按摩凝膠、淨白精華液上，標榜金箔可以有效控制自由基產生，減緩老化現象，有助於保溼、防皺。也有酒商從澳洲引進金箔葡萄酒，從日本引進金箔清酒、金箔梅酒，甚至還有黃金水等。奈米金應用在茶飲上也有妙用，茶葉成分中的兒茶素，會因氧化而喪失功能，奈米金因有抗氧化的作用，所以茶葉包金，可以讓茶的味覺和香氣更持久[12]。

有機硒(Selenium)雞蛋問世號稱可防癌，這種技術，是從酵母提取有機硒成分來餵飼母雞，並讓牠們產下這種含有機硒的健康雞蛋。這種健康雞蛋所含的有機硒，具有增強免疫系統及防止多種癌症的功能。根據美國臨床研究結果顯示，每日攝取兩百毫克的硒，可減少攝護腺癌罹患機率達 63％，直腸癌與肺癌機率也可以減少 53％與 46％[13]。

把奈米塗在臉上、吃進肚子、加在酒裡，是生物科技奈米化的應用趨勢。換言之，奈米科技不只是在日常生活四周，如今更是要進入我們的身體。研發奈米化妝品的關鍵技術，在於製作奈米級囊球，以及將所需的活性成分放進囊球，使之可以下沉到表皮層，增加產品效能。把中草藥磨得很細，能提高人體的吸收率，發揮功效，並取代過去熬煮的費時方式，還可以和其他食料結合，

朝生技產業的方向發展。目前台灣的奈米生技,都還只是在萌芽初期,學界都還在試驗的階段,但有些廠商就躍躍欲試,急於投入產出。

1-7-2 衣

　　一般人都把紡織業歸類到傳統產業,其實紡織業不但是我國重要的創匯金雞母,且這幾年的生產早就已經走上科技化,大家不能只看到為了降低生產成本而外移的成衣加工廠,而忘了我國在全球化纖市場上還是很有競爭力的。發展奈米級紡織品,開啟紡織業新契機,在纖維聚合物加入奈米粉體,製成高良率遠紅外線纖維,加工方便且成本低,有能力與國際紡織業競爭,尤其應用於內衣、寢具、鞋材、醫療等,將可帶動紡織業莫大商機。市面上遠紅外線織物產品不多,進一步強調「奈米遠紅外線」的產品更是少之又少。遠紅外線紡織品近年相當受到歡迎,在纖維合成步驟中加入奈米機能粉體之後,由於粉體小於 100nm,分散性均勻,能達到較好的遠紅外線效果,而奈米等級的粉體更提升纖維後段製程的加工性,非常具有成功量產的價值。人造纖維的生產,不但要追求高速度、高效率,更要用新材料,讓最後做出來的衣服穿起來更舒適,奈米科技在這方面就能扮演重要角色。紡織業上的奈米產品,最常見的是抗體菌防臭,把二氧化鈦(TiO_2)添加進去,受光線的照射後,會產生電子的空洞,具有很強的氧化現象,能把細菌或黴菌殺掉。

　　以對人體紅外線有很強吸收作用的奈米微粒作為添加劑,還可提高衣服的保暖效果。在寒冷的多天裡,外出時,穿著遠紅外線纖維做成的衣服,可以輕輕鬆鬆地保暖。奈米科技利用遠紅外線的無機纖維,當光線照射後,會轉換成熱量,所以穿這種衣服禦寒,不必很厚。美國 Aspan Aerogel 公司將奈米材料製作成隔熱材,如圖 1.7 所示,由於呈珠狀(二氧化矽)結合的構造,因而具有極多的空孔,此種隔熱材的優點是隔熱性高且輕,應用對象為防寒、耐熱用途的衣服[14]。

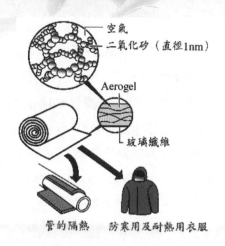

圖 1.7　將奈米材料製作成隔熱材[14]

　　運動鞋若加入奈米的複合性材料，不僅可降低重量、增加強度外，亦有可能大幅提升其他功能。奈米抗菌鞋是將遠紅外線聚光體，以奈米技術製成極微細的顆粒，塗佈於皮革鞋墊表面，因其能產生極佳吸水性、脫水率及抗菌性，使鞋子特別乾爽透氣，大幅減少臭味的產生。奈米抗菌鞋經測試顯示，鞋墊表面經奈米技術表面處理後，吸水性是普通鞋墊的 6 倍，乾燥性是一般鞋墊的 2.5 倍。在 37℃的環境下、金黃色葡萄球菌、大腸桿菌、克氏桿菌等細菌的依附率是零，可減少足臭鞋臭、細菌孳生的困擾。另外，國產品牌的奈米抗菌鞋系列，亦將奈米微分子技術運用在鞋墊上，因微粒分子共振而產生電磁波能量，能促進血液循環。

　　專為孕婦及電腦工作者所研發的抗輻射服裝已問世，這種服裝是在纖維中添加了抗輻射的二氧化矽(SiO_2)微粒夠阻隔 95％以上的電磁波和紫外線的輻射，而且這種抗輻射物質的微粒不揮發、不溶於水，故可以永久保有抗輻射的能力。另外，在化纖布料中加入少量的奈米金屬微粒後，做成奈米抗靜電衣服，可以有效的去除因摩擦而產生的靜電效應。

　　利用奈米層狀銀(Ag)系的無機抗菌防霉母粒及纖維來製作之奈米抗菌衣，具有高效抗菌性，對大腸桿菌、金黃色葡萄球菌的抗菌性均可達 99.9％；

對預防淋病和肝炎病毒、殺死塵蟎有顯著功效且經醫藥科學證明，對皮膚無刺激性，對人體亦無毒，非常安全。

　　「導電布」是在布料上鍍一層金屬薄膜(如銅或鎳)，導電性佳，具有防電磁波干擾的特性，應用的範圍包括：醫療工作服、精密儀器、電腦 EMI 遮蔽材、防電子偵測、裝潢材料、通訊設備防電磁波等。另外，應用二氧化鈦作光觸媒，吸收太陽光能而激發的原理，將奈米級二氧化鈦顆粒以特殊技術摻入布料裡，具有除臭及抗菌的效果；做成衣褲穿，可除體臭、汗臭，是一種生態環保布料。

　　奈米科技開發出負離子遠紅外線纖維，可做成傷口貼布等衛材，就是所謂的「奈米貼布」，能增加抗菌、加速傷口癒合的效果。舊型的傷口貼布，沒有抗菌效果，只是防止細菌感染，而新開發的奈米貼布，除了讓傷口癒合的時間快一到兩倍之外，傷口也比較乾爽。

　　由於製布或紙時，通常都會使用一些酸性物質。隨著時間的流逝，這些酸性物質會逐漸破壞布質或紙張的纖維素，導致布質或紙張產生腐蝕或泛黃。奈米藥劑的特性，使得「奈米噴印布」表面具防水性、噴墨顏料高附著性、耐熱、不續燃、抗折、耐腐蝕、韌性佳、耐磨損、墨點飽和度效果佳、色彩不暈不渲染顯色效果佳，最重要的它是一項不含磷、氯成分的環保產品。以特殊的工業用聚酯纖維(Ployester)為胚布，運用奈米超微細粒子在胚布上做防水塗佈及高溫燒結處理，能使奈米超微細粒子穿透布質或紙張纖維，對抗布質或紙張內的酸性物質，可防止歷經長時間所產生的腐蝕、脫色及泛黃現象，特別適用於具有歷史保存之文件，圖像上的使用。

1-7-3　住

　　奈米技術運用在住的方面有自潔建材，例如玻璃、水泥、石材及磁磚。奈米陶磁粉因為能微細化到奈米級，可以使地磚更為平滑，不易吸附灰塵，因而受到裝潢建築業者的重視。衛浴設備，即是運用奈米表面結構及銀離子殺菌

劑，例如：馬桶、洗手臺。家電產品，利用光觸媒及奈米表面結構原理，例如：空氣清淨機、光觸媒環保健康扇、洗碗機、無菌防污冰箱、防污洗衣機等。

　　不只是室內，日本高速公路圍牆，在表面塗上二氧化鈦光觸媒的奈米顆粒，有效分解空氣中汽車排放的硝化物、硫化物，使建材外觀保持清新亮麗，並能減少空氣污染。歐洲也將此項奈米技術應用於古蹟維護，希望歷經幾世紀風吹雨打的大教堂、戶外雕塑、壁畫等藝術品，能夠減緩被酸雨侵蝕的速度，延長壽命。

　　奈米效應最著名的就是荷葉效應(Lotus effect)。荷葉能出淤泥而不染、水珠不會分散的原因，是由於荷葉表面有自然的微小奈米級顆粒，讓污泥、水粒子不容易附著於表面。而奈米技術最驚人之處，即在於透過對物質極微細尺寸的操縱，進而來改變與創造物質。換言之，一旦完全掌握奈米技術，好像找到點石成金的「仙女棒」。奈米自潔塗料，之所以具有防污能力，乃因塗料表面只有奈米尺寸的大小孔隙，不易沾惹塵埃，所以經奈米塗料粉刷的牆壁表面可常保清潔，如圖 1.8 所示。經傳統塗料粉刷的牆面，如圖 1.9，明顯留下污物痕跡。

圖1.8　仿蓮花效應塗料，塗上仿蓮花效應的油漆，將使得牆壁具有不沾染污物的優點[15]

圖1.9　傳統塗料，牆面明顯留下污物痕跡[15]

　　隨生活水準提升，國人對衛浴設備的要求大幅改變，從要求產品的乾淨實用，到對品質及空間搭配的注重，進而注重產品的技術研發與設計創新，特別是將「奈米技術」運用在衛浴產品上，充分提升衛浴空間抗污防菌的潔淨功能。在衛浴設備的表面釉彩中，加上薄薄的奈米粉體，讓衛浴設備的表面更加光滑，以提高抗菌能力，這是推出奈米馬桶的和成公司，搶進高檔衛浴設備市場的產品。公司投入一千多萬元的研發經費，克服釉料的粉末達到奈米化後，粉體的活性增高的控制問題，再在製程上加以調整，總算讓奈米馬桶問世。目前和成的奈米馬桶每個月的營業額，已超過 1000 萬元，未來更準備將奈米技術，普及運用在新開發的衛浴產品上。

　　陶瓷表面進行奈米處理可以防污抗菌，運用奈米技術製程於衛浴設備中，如洗臉盆、馬桶等產品上塗上一層奈米級釉料，除了可以產生更光滑細緻的表面，還可使髒污不易停留在設備表面上，完全達到抗污防菌的效果。馬桶的一般陶瓷釉面與奈米級抗污抗菌釉面，進行污物沖洗試驗時，一般釉面較粗糙，經常卡住髒東西，進而與之結合，不容易沖洗乾淨；而光滑細緻的奈米級抗污抗菌釉面上，則完全不留下任何污物。小便斗的尿液排出孔經過三個月的長時間不清洗試驗，由於細菌分解尿液中的尿素而釋出阿摩尼亞臭氣，並且在一般釉面表面長滿尿垢；但是奈米級抗污抗菌釉面的製品，表面只有些許污點出現。

　　滾筒洗衣機長期使用會藏污納垢，為解決此問題，可將氧化銀材料加入奈米抗菌洗衣機滾筒表面的陶瓷材料中，一方面不會藏污納垢，還有殺菌功效。所謂的奈米冰箱，是把普通冰箱的內部表面以奈米技術處理後，可具有較強的自潔能力，不沾水亦不沾油。

　　奈米水泥，是使用特殊的微生物奈米材料合成的高分子材料，具有很強的黏著作用，不僅可以黏著磚塊，還可以黏著鋼筋和玻璃，而且它成本低，沒有污染問題，如需要拆卸時，可用特殊的奈米融合材料即可卸下。奈米科技將為建築材料產業帶來新革命，也為消費者營造了更符合人性工學、更健康、更安

全的生活和工作環境。一般說來，建材應用最廣的是塗裝材料，例如在油漆添加了奈米粉體後，就能增加防火、防潮和抗菌等功能。

目前大陸利用奈米粉末在油漆等建材上，計畫在 2008 年北京奧運會館上，向全世界介紹大陸的科技建材，攻占全球市場。現在的隔音牆或天花板裡面，必須加上隔音材料，厚度在 12 公分左右，奈米科技也可以應用在裝修材料上，未來，地板或隔音牆只要薄薄的一片像玻璃一樣，也不會減損結構強度和吸音效果。奈米科技繼續發展下去，未來蓋房子樹立的不是鋼筋、鋼樑，而是改用奈米材料的陶瓷，強度是鋼的 10 倍，即使台灣的地震、颱風，陶瓷柱一樣可以提供安全庇護。奈米技術的建材壽命長，使得建築物的壽命跟著延長，即使經過長時間之後，材料衰老，還可以回收，再將物質分子原子結構重新組合，再利用[15]。

家電業者推出「奈米家電」，引起重視，專家預期奈米家電產品，可望 3 年內普及，奈米概念將成為家電等民生用品新主流。從剛開始的尺寸概念，演進成一種技術革新的概念，同時也革新消費的觀念。家電的奈米產品包括，除臭冰箱、殺菌燈具、電扇、吸塵器等等，強調奈米產品清潔、除臭、防菌、防霉等特色。這種以消費者為主體的奈米概念產品的出現，顯示業者對奈米科技的認識，已由尺寸概念，演進到技術應用層面。家電業者提出的殺菌燈具，即使用光觸媒技術，達到殺菌功能；電扇、電冰箱在扇面、外殼噴上奈米級塗料，減少灰塵吸附性，有潔淨、易清洗的特色；冰箱內部的塑膠隔層，透過光觸媒技術，可以除臭、殺菌；熱水器可透過內壁的奈米技術，增加保溫功能。奈米光觸媒健康機是利用波長 365 nm 的燈管光源，照射在奈米級光觸媒鍍膜玻璃上，產生電子及電洞對，當電子與空氣中水分子接觸，會產生氫氧自由基，能分解空氣中的碳氫化合物，並有抑菌、殺菌、除臭等功能。家電增加了奈米除臭及殺菌功能，價格大約會比同等級產品貴了 1～3 成。

在日光燈管的外面，包上一層灰色的玻璃纖維布，利用表面積增加的原理，放一些二氧化鈦光觸媒在它裡面，然後，再把整隻燈管放到電風扇裡，或

放在冷氣機裡，就成了市場上看到的奈米家電產品。這支奈米日光燈管，穿上灰色的神奇外衣之後，殺菌力特別好。這支燈管也可以內建在其他產品裡，如果放在汽車的空調裡，它就成了汽車的奈米空氣清淨機。車中香煙味道之所以無法除去，是因為煙味附著在絨布的椅套上；一旦有了這種清靜機，煙味就可以除去。另外，如果這支燈管放在烘衣機裡，就成了奈米烘衣機[16]。

1-7-4　行

　　未來汽車、飛機的重量會更輕、更省電，也更環保。德國正在研發新型汽車擋風玻璃，以奈米級的玻璃顆粒混上塑膠，重量不但大大減輕，而且不沾雨絲，不易附著污垢。以奈米技術製成的玻璃，運用蓮花效應，吸收自然光照後，會產生一塵不染的自淨作用。汽車的汽缸若使用奈米材料，碳氫化合物等氣體就不易散逸出去，減少廢氣排放量。如果車身塗上奈米粉體，由於奈米顆粒結合緊密，一點也不用擔心車身會留下刮痕。若奈米技術成真，那麼滿街跑的是太陽能電動汽車，人人手上拿的是可待機百天的行動電話。因為在電池裡添加了奈米級鋰顆粒，能夠大幅延長供電時間，縮短充電時間，這會是未來電池的主流。在橡膠行業中，通常是加入炭黑來提高橡膠製品的強度、耐磨和抗老化性能，正因如此，高強度的橡膠製品輪胎都是黑色。如果將奈米顆粒作增強劑添加到輪胎製造中，利用奈米顆粒與橡膠材料可形成立體結構，本身可著色和抗紫外線的特性，將可以提高輪胎的彈性、抗磨損強度及抗老化，還可以製成五顏六色的輪胎，還可以減少使用炭黑所產生的污染。以奈米粒子加強的輪胎，不但耐磨，使得輪胎壽命增大，並且可直接再生。

　　奈米科技應用在航空航太領域，不僅是減輕負擔，更重要的是有加強防護作用，如將機械體表面奈米化，可使機體表面因蓮花效應而更能抗熱、抗磨損及抗宇宙射線，且可使各項裝備的耐腐蝕、吸波性和散熱性大為提昇。隨著奈米材料的進步，科學家將奈米銅粉末、其合金粉末或其他金屬(鎳、鉍)奈米粉

末加入潤滑油中，可提高潤滑性能 10 倍以上，並顯著降低機械部分的磨損，提高燃燒效率、改善動力性能、延長使用壽命。

1-7-5 育　樂

打球除了技巧，如果球拍用對了，也可以增加球感、越拿越輕、彈簧效應越來越好，這是現在一般人追求球拍的一種訴求。五花八門的體育用品中，導入奈米技術最早最快的，要算是網球拍。在市場上有一款「奈米網球拍」，在球拍和握把之間的 V 字型，添加奈米碳管的材料，可以讓球拍的挺硬度增加，增加球拍的威力，還可以增加球拍的堅固性，讓球拍更好。同款的產品，如果沒有加奈米碳管，儘管它也可以做出蠻輕的重量，不過它的強度仍舊不夠。

未來兩年內，以奈米碳管做成螢幕的電視可望問世，它不但省電、成本低，而且很薄，厚度僅數公釐。奈米碳管彈性極高，電傳導性高，強度比鋼絲強上百倍，重量卻輕，且兼具金屬與半導體的性質，可用於平面顯示器、電晶體或電子元件上。除了電視、電腦，奈米碳管也被用於如前述的網球拍、滑雪桿，其質輕、鋼性好的特點，讓運動人士用起來愛不釋手，舒適地打一場好球。奈米網球、奈米排球也相繼問世，在球類表面塗覆奈米顆粒，能阻絕氣體進出，不易沾上汗滴，保持球的彈性。

如果奈米技術再導入運動鞋，可以跑得更快，跳得更高、更遠！美國人把它做成運動鞋、氣墊鞋。氣墊裡面通常加的是氦氣，這樣氣墊鞋就不會漏氣，它的彈性效果就比較好。體育用品奈米化已經形成趨勢，國內體育代工大廠對奈米技術相當有興趣。只不過，必須先壓低奈米材料的價格，才可能有市場。以奈米碳管為例子，因為稀少、所以昂貴，1 公克要價 500～700 美元，比黃金還要貴。奈米網球拍比一般的網球拍約貴 3 成。如果奈米材料的價格能壓低，使得民眾不必花高價也能購得，將成為場上的常勝軍。

有機發光二極体(OLED)顯示器材料，於近年之研發中，因充分應用奈米材料科技而有驚人的突破，多彩 OLED 顯示器已商品化，正邁向全彩 OLED

量產技術開發中。液晶顯示器及場發射顯示器相關材料領域,將因奈米科技之應用而產生更多的技術突破,材料趨勢朝複合化、輕型化、薄型化、大型化、可撓式及低成本發展。

映像管非常笨重的電視機,也可望因奈米科技發生改變。若將非常多奈米碳管「長」在一片很薄的半導體表面,就可利用電流控制尖端放電程度,打到螢光幕上產生畫面,這樣電視螢幕會變得很薄。另外,還有一個好處,就是因為螢幕是由非常多的奈米碳管放電組成,若壞掉幾個,電視還可以看,不像現在的映像管一壞掉就全完蛋了。奈米碳管場發射顯示器(carbon nano tube field emission displayer,CNT-FED)結構開發技術,為平面顯示器產業開創嶄新的應用領域。這項結合平面顯示器與新世代奈米技術的先進顯示器技術,具有低驅動電壓與高亮度等特色,CNT-FED 技術利用奈米碳管的低導通電場、高發射電流密度以及高穩定性,結合 FED 技術實現傳統陰極射線管(CRT)平面化,保留了 CRT 影像品質的可能性,以及省電體積薄小等優點,開發兼具低驅動電壓、高發光效率、大尺寸、低成本的平面顯示器。

圖 1.10　奈米碳管[17]

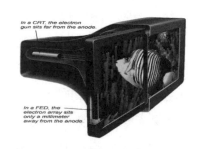

圖 1.11　傳統陰極射線管(CRT)[17]

光碟片的儲存方法,是利用光碟上的點陣來記憶資料。一般而言,一塊光碟片上有 650 百萬個儲存點,電腦術語為 650 MB,其中每個儲存點大小約為 500 奈米。隨著奈米科技的進步,我們可以將光碟上的儲存點縮小到數奈米尺寸,則每片光碟的儲存容量將可以增加 1 萬倍。有了這種技術,今後只要有了一張奈米光碟,將可以把圖書館所有的書放到自己的家中,對我們攫取知識將

大有助益。將來，奈米記憶體可以將大英百科全書儲存於如「針尖」大小的體積，亦可把美國國會圖書館的全部藏書，儲存於如「方糖」般大小的體積中。

　　奈米硬碟如何運作？「千足」奈米硬碟原型的運作方式與微型唱機相似，它採用微型矽懸臂的尖銳探針，來讀取寫在聚合物材料表面的資料。4096 根針尖朝上的控制桿排成陣列，與其相連的控制微電路，則負責將類比凹陷所攜帶的資訊，轉換成一連串的數位位元。聚合物透過矽彈簧片的連接懸吊在掃描檯中。控制桿向上彎曲不到一微米，探針便會觸及塑膠。利用熱及機械力，針尖能製造出排成直線狀的圓錐凹陷，用來代表一連串的數字 1，沒有凹陷則代表 0，如圖 1.12 所示。要製造凹陷，電流必須流經懸臂，將其尾端的矽摻雜區加熱至 400℃，以便讓預加應力的懸臂結構能彎曲，戳入聚合物中。要讀取位元資料，先將針尖加熱至約 300℃，當掃描中的針尖遇到一個凹陷並落入其中，它會將熱傳遞給塑膠，針尖的溫度及電阻就會因此下降，不過電阻下降的幅度很小，約只有幾千分之一。數位訊號處理器，將這些輸出訊號轉換成一連串資料。最新的千足原型機，清除既存位元的方式，是將針尖加熱至 400℃，緊挨著先前刻出的凹陷再製造另一個凹陷，如此會將原來的坑填滿。另一種做法是，將熾熱的針尖插入凹陷中，使塑膠彈回原本的平坦形狀[17]。

圖 1.12　微型矽懸臂的尖銳探針[17]

美國國際商業機器公司(IBM)的科學家在 2000 年建構了 5 位元 215 赫茲量子處理器。2001 年，他們又建構了 7 位元的量子電腦。若能建構 15～16 位元的量子電腦時，就可以超過目前傳統電腦的功能了。在過去 50 年中，幾乎每隔兩年，電腦的速度就加快了一倍，而每個晶片上集成的電晶體數目，在過去 30 年中也隨時間呈指數增長。這個稱爲摩爾定律的經驗法則預示，到 2010 年，一個晶片上的電晶體數目將超過十億個，幾年以後，電腦儲存單元將是單個原子。在這樣微小的世界裡，將無可避免地造成電路間的相互干擾，系統溫度的急速升高及能量損耗的大量增加，這是現有資訊處理系統必須面對的危機。但正如我們常說的，危機即是轉機，當電腦越做越小，速度越來越快，量子力學的效應就不能不列入考慮，電子技術面臨的危機正是導致量子技術興起的轉機。 從半導體技術的發展，各種新材料的發現到最近奈米技術的產生，無一不是以量子力學爲其基石。

1-7-6 醫學藥品上的應用

科學家把老鼠的胰島細胞用薄膜包起來，稱爲胰島素奈米膠囊，再植入患有糖尿病的老鼠體內，薄膜上布滿 7 nm 大小的孔洞，僅能讓胰島素分子慢速釋放出來，由於抗體體積太大無法通過薄膜的奈米級孔洞，因此薄膜可以保護胰島細胞不被抗體吞噬、分解。這樣一來，原本需要天天注射胰島素的糖尿病老鼠，植入膠囊後，不用打針，數週後也可存活下來。

奈米粒子的微細結構，對環境中的化學或物指標的變化極爲敏感，因此可用來對人體內的病原體作出早期的預測，例如，當腫瘤只有幾個細胞大小時，就可以被檢測出來，加以根除。將奈米磁性顆粒爲載體的藥物，注入人體後，藥物在外磁場的作用下聚集於體內的局部，對人體的副作用很小，又可對病理位置進行高濃度的藥物治療。這對於癌症、結核等有固定病灶的疾病十分適合。目前，該項醫療技術在美、德等先進國家已進入臨床實驗，療效顯著。

磁振造影(MRI)顯影劑，因為螢光染料在奈米顆粒時，較不易受到背景值干擾，也不易衰退變淡，所以可以增加檢驗的靈敏度。由於人體的細胞大小相當 1 萬～10 萬奈米，因此以 dendrimer 奈米級樹枝狀高分子聚合物做為藥物的載體，能使藥物容易被細胞吸收，再加上奈米級顆粒傾向累積於體內發生發炎的區域，更能精準到達病灶。將來，利用奈米級機器人，進入人體和病毒展開大作戰，都有可能。

研究發現，礦物中藥製成奈米粉末後，藥效大幅度提高，並具有高吸收率、劑量小的特點，利用奈米粉末的強滲透性，將礦物中藥製成貼劑或噴劑，避開胃腸吸收時，體液環境與藥物反應引起不良反應或造成吸收不穩定；也可將難溶的礦物中藥製成針劑，提高吸收率。其實，藥錠、藥丸、藥膏等各種形式的中藥，國內外都有人在研究如何奈米化，只是不同形式，又有不同技術。中藥奈米化之後，除了更好吸收，是否還可以產生新的藥效？答案目前還眾說紛紜。中藥奈米化的研究，中國大陸的學者也很積極！從藥散、藥丸、藥錠、到藥湯都有人研究，只不過，也都還在臨床實驗階段。

日本已經運用奈米科技，開發出口服的內視鏡，正在進行臨床試驗，未來接受檢驗的病人，只需將只有一顆魚肝油大小，卻包括了內視鏡、電池以及收音設備的口服內視鏡，吞入腹中，就能進行內視鏡的檢查，大大減少目前在檢驗上所造成的不舒服感。

奈米技術可讓製藥原料粒子變小，只要粒子小，溶解速度自然快，藥效可以更快被人體吸收。奈米制酸劑放入口中，粉末立即溶解，明顯區分出與其它藥品粉末的口感。制酸劑的藥效作用也快上好幾倍。奈米硒只有 20～60 nm，它比病毒(60～250nm)還要小，可在不損害正常組織細胞下，殺死癌細胞，有效抑制腫瘤生長。

巴克球(C_{60})是由 60 個碳分子所形成，直徑僅數奈米的足球狀小分子，它能作為抗愛滋藥物。愛滋病須利用酵素之類的蛋白質，發揮對細胞傷害的能力。巴克球進入酵素內部，將與酵素機制產生結合，藉由改變酵素的立體構造，

使之喪失功能。使酵素喪失功能，正是巴克球的任務，利用這個方法便可達成治療愛滋病的目的。

現在國內外的醫學界正在研究，什麼樣的藥物，能只殺癌細胞，不殺好細胞。癌細胞成長速度很快，所以癌細胞的血管並不完整，就像被刀子割得一道一道的，上面可能有縫隙，而好細胞的血管是很完整的。一般正常血管有一層薄膜，而癌細胞的血管就沒有這層薄膜，微粒東西到了附近就會流出來。如果把藥放在一個很小的載體，你可以想成藥是貨品，而這個很小的載體是一輛很迷你的小貨車上；當這輛小貨車進入血管內，由於尺寸夠小，小到足以從癌細胞的血管縫隙中漏出來，小貨車就會開始卸藥。核心技術就是，這個載體要小到奈米的尺度，才能穿過癌細胞血管的縫隙。癌細胞血管縫隙差不多是 400～600 奈米，那微粒就設計在 100 奈米左右。研究結果是，微粒在 100～200 奈米，效果特別的好。

將奈米銀科技落實於醫療用品、口罩、抗菌凝膠、襪子及各種日常生活用品。在傳統古老外科醫學中，銀即用於消毒殺菌之用，將銀奈米化為 3～5 奈米，使銀表面積大幅增加，活性增強，殺菌力也隨之增強，用於產品的開發上，只需要一點點的劑量，就能達到很好的效果。銀在抗生素發明以前，即是醫療界最主要的消毒用品，藉由奈米銀的研發，可解決抗生素抗藥性的問題。目前奈米銀的研究在全球發燒，但絕大多數仍處於實驗室階段。從臨床顯示，使用奈米銀醫療敷料，不僅可縮短傷口癒和 1/3 的時間，而且比較不會留下疤痕。

日本科學家利用奈米碳管成功研發出奈米碳管溫度計，並以世界最小的溫度計榮登金氏世界紀錄(Guinness World Record)。 在長約數千奈米，直徑僅為 85 奈米的奈米碳管中，注入液態的金屬鎵，藉著金屬鎵隨溫度升高而膨脹的原理，以電子顯微鏡能讀出所測得的精確溫度。用它製成的溫度計，測量溫度精確度能達到 0.25℃。若將奈米碳管溫度計的性質與水銀溫度計做一比較，有兩項優點：一為可量測溫度範圍較廣，甚且可達 2403℃高溫，適用於高溫中的溫度量測；另一為溫度計體積極微，約是水銀溫度計的 1～10 萬分之一以

下。該奈米碳管溫度計，可望應用於電子元件之類電子線路的異常檢查，各種精密機械零組件，或生物體內毛細血管的溫度測定等領域中。

　　人體生病了或受傷了，需要療養和修補，奈米就可以扮演類似電影《聯合縮小軍》的角色，把藥粉粉末做到奈米級，能促進吸收。一般微機電件大小約2～3微米，微小管、紅血球則差不多6～10微米，細菌則是0.1個微米，一般藥物是5～10個微米，通常是經腸胃吸收，不可能直接到血管，但是如果把藥粉磨到100奈米，那就很容易被血管吸收了。

　　有一種比人體細胞還微小，外觀像船艦的東西，它不僅能穿梭於病人的血液之中，還能發現和鎖定病變細胞，透過它進入細胞內，釋放出一定劑量的藥物實施治療。儘管這樣的場景像是從好萊塢科幻片中剪輯出來的，但事實上這是一項正在進行的科學研究。美國科學家，正著手試制這樣的奈米膠囊，希望可以用它來治病，還可能在它的輔助下實現另一個長久以來的夢想：登陸火星，移居太空。科學家發現，進行月球或火星探索的宇航員，由於飛離地球後，失去了巨大磁場的保護，因而非常容易受到高輻射的威脅。儘管他們乘坐的太空飛船上配備了防輻射屏蔽設施，但仍不足以將宇航員與外太空的高能輻射完全隔開。太空中的光子粒，會像子彈一樣進入宇航員體內，殺傷細胞的DNA，使整個細胞無法穩定地運作，非常容易導致癌變。由此可見，要實現人類移居外太空的夢想，如何克服並消除高能輻射對人體造成的損傷，奈米膠囊是一種絕佳的方案。

　　每個奈米膠囊都只有幾百奈米長，看上去比細胞還小，但它在治療癌症方面可以大展拳腳。一般的化療在殺死癌細胞的同時，會摧毀很多健康細胞，而奈米膠囊則可以直接針對癌細胞，深入其內部，或修復遭到部分損傷的細胞，或除掉無法復原的病變細胞。科學家發現，如果某個細胞被輻射所傷，它自身就會生成一種稱之為CD-95的蛋白質附著在細胞膜上，以此向鄰居們發佈受傷的信息。科學家們利用細胞這一特點，在奈米膠囊的外層塗上與CD-95相親的化學分子，使其具備鎖定被輻射損傷的細胞的能力。一旦鎖定受傷的細

胞，「奈米外科醫生」會針對細胞不同的「病情」開出特定的「處方」。如果細胞的損傷程度非常嚴重，奈米膠囊會在滲入細胞膜後，會釋放出一種蛋白質，啟動該細胞的自我摧毀程序，使細胞自行死亡。如果細胞有望復原，奈米膠囊則會釋放另一種具有 DNA 修復功能的蛋白質，對病變的細胞進行修補，使其恢復正常。

除此之外，科學家在奈米膠囊內植入螢光裝置，希望借助螢光在不同階段顏色的轉換，對奈米膠囊進行追蹤。一旦這種借助螢光標記，對體內的奈米膠囊進行監測的方法可行，宇航員就能在特製裝置的幫助下，隨時對自身受輻射損傷的嚴重程度進行評估，這將有助於宇航員在外太空作業過程中，實現自我保健的完善。換言之，他們可以在需要治療時，給自己實行皮下注射，之後則可以放心地把損傷細胞的修復工作，交給奈米外科醫生去完成。目前，科學家們在對其構成要素如 DNA 修復蛋白質、奈米粒子、螢光標記等領域的研究中，已取得了不少成果，相信「奈米外科醫生」的出現，不再是異想天開的事。隨著該項目一些技術難點的突破，各構成要素能協同運作，實現穩定的療效，奈米膠囊終將成為醫學診斷及藥物治療領域的新寵[18]。

1-7-7 保健產品上的應用

在保健產品上的應用，可以用奈米微粉來增加吸收效果外，也有廠商開發出負離子遠紅外線纖維，做成傷口貼布等衛材，增加抗菌，加速癒合的效果。舊型的傷口貼布，本來沒有抗菌，只是防止細菌感染，新開發的貼布，除了讓傷口癒合時間快一到兩倍外，傷口也比較乾爽。負離子遠紅外線纖維可以促進血液活絡，活化細胞，為國內藥用貼布市場開發出新的應用材料。負離子紅外線有雙重效果，可以快速的促進血液循環，貼上去之後，可以感覺到打通血脈，另外就是方便性，過去藥性貼布，常有透氣及過敏的問題，這些紅外線都可以處理，而且乾淨，沒有藥膏沾黏的麻煩。

　　其實大家身邊用的一些醫學用品，常運用到奈米高科技，只是大家不知道它的原理而已，例如：在藥房買的驗孕器，在上面看到是否有懷孕的紅色訊號，其實就是由奈米級的金粒子所生成的紅色訊號。當然一般人對金的印象就是「金光閃閃」，誰知道金的奈米顆粒在溶液中，竟然是紅色的，而且不同形狀及大小的金粒子，還可變出各種不同的顏色。國科會支持的計畫[19]，已發展出醣類金奈米粒子，已成功的應用到細菌的標定上，這項新奈米材料，現已申請美國專利，未來可應用在不同種類的細菌辨認上，此生物檢測技術，未來商機無限。

　　發展出的醣類金奈米粒子，已可應用到細菌的標定。這項新奈米材料，對於疾病上的檢測，提供了一項簡單且快速之檢驗方式，另外醣類金奈米粒子無生物毒性，且非常穩定。

1-7-8　奈米銀光觸媒[20-22]

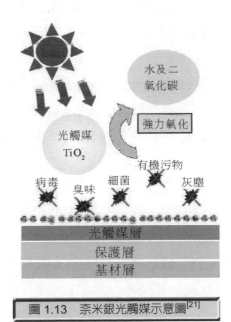

圖 1.13　奈米銀光觸媒示意圖[21]

SARS 疫情爆發後，「奈米光觸媒」成為熱銷商品，在總統府帶領下，很多地方都噴塗奈米光觸媒；但其實在沒有紫外線的環境，如室內，奈米光觸媒效果是很有限的。奈米光觸媒雖已證實對很多細菌有用，卻沒有文獻證實，對體積比細菌小很多的病毒也一樣有用。奈米光觸媒就是工業界常用，俗名鈦白粉的二氧化鈦(TiO_2)，做到一百奈米級大小，溶於水後塗在牆壁上；當有機物、污染物或細菌吸附到牆上，接觸奈米光觸媒，就會被分解成二氧化碳和水。這種分解反應一定要在特殊波長的紫外線照射後，才會發生。

因為被玻璃擋住，室內幾乎沒有紫外線，所以奈米光觸媒在室內殺菌效果很有限。奈米光觸媒是日本人最先發明的，這跟他們超愛乾淨的民族性有關。光觸媒的主要成份為二氧化鈦，由於具抗菌除臭效應，因此吸引眾多業者投入，根據過去 10 年，由日本光觸媒研發史分析，絕大部分業者聚焦在銳鈦晶型(Anatase)之開發，造成技術重疊及雷同性相當高，而部分廠商因技術門檻低，不堪競爭激烈而退出市場。國內產業界在商業潛力考量下，國內業者紛赴日本取得貨源。但另外日本已開發出最具光觸媒功效及獨特的板鈦斜方晶型(Brookite)，由於技術進入門檻最高，較具市場競爭利基，並成功開發以磷灰石(Apatite)為介質，解決二氧化鈦對接觸面的傾蝕問題，對於細菌吸力更為加強，是光觸媒技術上的一大突破。由於磷灰石是骨骼、牙齒的構成材料，生物親和性好，能吸附菌和霉，具很強的抗菌性，市場發展前景龐大。因此，板鈦斜方晶型的光觸媒產品，不僅適用於建材及裝潢領域，在紡織業亦具深厚的發展前景。

在古代東西方，皆使用銀來防止食物變質腐壞，自古中國皇朝及中醫將銀筷用於測毒反應。第一次世界大戰，歐洲國家利用銀作為防止感染的殺菌劑，「銀」可說是天然的抗菌劑。自古以來，銀就被用於加速傷口癒合、治療感染、淨化水和保存飲水等。科學研究發現，「銀」是抗菌作用最高的金屬，將銀奈米化後，其殺菌功能增強至一般銀的 200 倍以上，可消滅超過 600 種細菌與濾

過性病毒，比起自來水殺菌用的氯多出數十倍的殺菌功能，而且純奈米銀可食用，對人體無害。

　　光觸媒是一種金屬材料，受到光的激發便能做為催化劑，將細菌、病毒、臭味、香味、甲醛等，轉化成水與二氧化碳，使空氣變為乾淨。而奈米銀光觸媒具有抗菌、除臭、防霉和去污等四大功效，這是因為大部分的病毒、細菌以及氣味分子，都是有機化合物構成，因奈米銀光觸媒可透過空壓機與經特殊設計的專業噴槍，噴出粒徑極微小的氣泡，使奈米銀光觸媒從液體變為氣體，可噴塗於室內牆壁、天花板及交通工具的內部，大面積及長時間反應作用的結果，能夠達到有效潔淨環境、預防病媒散佈。另外，奈米銀光觸媒具有很強的氧化能力，可強力分解臭源，使用在氣味較重的公共廁所、吸煙室等環境，得以明顯消除異味。

　　台灣地處亞熱帶，室內衣櫥及牆壁很容易因為潮濕而發霉，奈米銀光觸媒超強的二十四小時殺菌能力，可杜絕黴菌繁殖，也可除去令人討厭的霉味。如圖 1.13 所示，受光後的光觸媒，會產生強氧化力的氫氧自由基，會破壞細菌細胞中的輔腜(COQ10)及呼吸系統的酵素，停止細菌及霉菌的生長繁殖。

　　另外，奈米銀光觸媒擁有特殊的親水性功能，如圖 1.14 所示，當建築物外牆或玻璃塗佈光觸媒後，經過自然日曬，外牆及玻璃會轉變成超親水性，也就是說，當有灰塵或油污沾附時，會沾附在水膜上，等到下雨時，可藉雨水的力量沖去原先沾附於外牆及玻璃表面的灰塵或油污，達到自淨的效果。這種超親水的特性，會讓污垢不易附著，可應用於廁所地板、便斗中頑垢、尿石之分解，以及廚房油污之分解、香煙、焦油之分解等。

　　綜合而言，光觸媒的應用涵蓋環境淨化與潔淨能源二大領域，而潔淨能源技術的發展，最終也會帶來環境淨化的好處。陽光不僅是地球上所有生命所需能量的總源頭，更是促成環境淨化的綠色動力。光觸媒則是人類利用陽光的重要推手，善用奈米銀光觸媒的功能，就可隨著陽光普照，讓光觸媒扮演無所不在、最稱職的環境清潔工的角色。

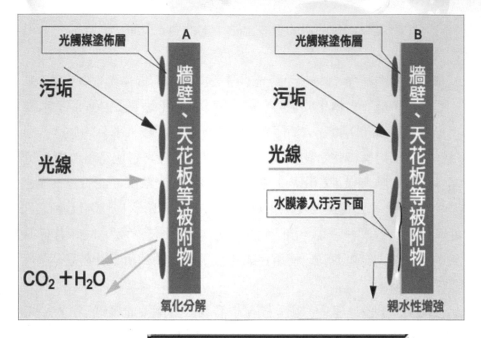

圖 1.14　奈米銀光觸媒去污效果示意圖[22]

1-7-9　奈米保養品

　　目前化妝品醫療領域有防曬化妝品、保養品、抗菌紗布、遮陽眼鏡、驗孕試劑、生物晶片、微脂粒藥物等。奈米科技早已經應用在防曬品上，奈米講求的極微細化，可以強化保養品的吸收效果，也應用在美白、保濕和除皺等產品上。人體皮膚的毛細孔約 60nm 大小，一般洗臉清潔用品都是大分子物質，很難真正滲透皮膚、達到深層潔淨、清潔毛細孔阻塞的功能。奈米保養品中的有效成分，被處理成 26nm 的微小顆粒，這種極為細小的奈米級微粒，能夠輕易滲透進皮膚內層，徹底清潔毛細孔。奈米細胞能量液能在 10 秒鐘內，穿過真皮層進入皮下組織，被脂肪結締組織吸收利用。可保護細胞膜，防止脂肪變質，增加皮膚彈性、延緩皮膚鬆弛衰老，使肌膚細膩柔滑更加富有彈性。

奈米金與其他惰性奈米金屬氧化物，對紫外線(UV)有極佳的遮蔽效果。紫外線中，主要會落在皮膚上有兩種波長：(1) UVA(波長 320nm～400nm)：波長較長，照射後會產生斑點、曬傷。(2) UVB(波長 290nm～320nm)：波長較短，照射後會出現灼熱、水痘。奈米金對紫外線遮蔽的使用，比市售中所使用的二氧化鈦(TiO_2)更適合女性細緻的肌膚。奈米金具有絕佳的活性，而且生物相容性良好，是一種微量的細胞調節輔助因子。肌膚細胞的新陳代謝良好，自然不易老化，皮膚自然富有彈性、白皙光彩動人[23]。

奈米科技的應用，也靜悄悄地為美妝產品帶來革命。奈米技術最早應用在化妝品上，是做防曬功能，現在重點將更深一層，增加它的吸收速度，因為大部分的化妝品分子對皮膚來說，都太大，不好吸收，但是奈米處理後，將比皮膚毛細孔小很多，可以穿透皮膚，在實驗室裡可以了解，傳統配方的化妝品吸收率在 5% 以下，大部分是浪費掉。奈米科技應用在保養品上的困難度，要比電子產業複雜，因皮膚本身就是人體最微妙的器官，不是做極微小化的保養品就能夠被吸收的。大部分的化妝品成分，都是天然成分，也大多是親水性，但是皮膚則是親油性，即使把化妝品分子弄得微細，還是跟皮膚不相容，皮膚是強固的障蔽器官，連細菌都可以被阻止在外，保養品進入皮膚內，比我們想像的困難。因為，除了要到奈米等級，還要變成親油性。

奈米氧化鋅粉末無毒、無味、對皮膚無刺激性、不分解、不變質、熱穩定性好，本身為白色，容易著色。更重要的是，它具有很強的吸收紫外線的功能，對 UVA 和 UVB 均有屏蔽作用。此外還具有滲透及修復的功能。因此適用於作美容美髮保養劑中的活性因子，不僅能大幅提高護理效果，還可避免因紫外線輻射造成對皮膚的傷害。

1-7-10 其 他

奈米金粒子不再呈現金色，而且原本非常穩定的化學性質，也變成不太安定的催化劑；最有用的是可將非常穩定、不易變質、具有毒性的一氧化碳，轉

化為無毒的二氧化碳，目前轉化率已達 50％～60％，以後應可達到 100％，做出救火隊最需要的防毒面具。

　　媒體經常報導學術界一些很好的奈米研究，但從基礎研究到產品問世，中間必須經過應用研究、製程開發、技術轉移這幾關，兩者之間有差距；現在已經看到成果的學術研究，至少還要經過好幾年才能成為產品，像現在學術界正在進行的半導體奈米研究，就可能要到 2009 年才有產品。

　　奈米氧化鋅粉末在陽光下，尤其在紫外線的照射下，在水和空氣中均能自行分解出自由移動的帶負電的電子，同時留下帶正電的空穴。這種空穴可以激發空氣中的氧變為活性氧，有極強的化學活性，能與多種有機物（包括細菌在內的有機物)發生氧化反應，從而把大多數病菌和病毒殺死。有關的定量試驗發現，奈米氧化鋅的濃度為 1％時，在 5 分鐘內金黃色葡萄球菌的殺菌率為 98.86％，大腸桿菌的殺菌率為 99.93％。

　　顏料粒子小至奈米級時，光散射現象減少、光的純度佳，能夠充分展現自然鮮豔的色澤，加上顏料耐水、耐光的特性，將能在印刷、塗料，及室外列印方面，開創更大的應用空間及市場。

　　奈米同軸電纜的內芯是直徑僅為 10nm 左右的碳化鉏，外層包有 SiO_2 絕緣體，這種奈米電纜即使在電子顯微鏡下放大幾 10 萬倍後，其直徑仍然只有普通電纜的直徑大小。奈米電纜除了可用於高密度整合元件的連接之外，還可作為微型工具和微型機器人的元件。奈米電纜中的電子傳輸不同於普通的導體，其傳輸速度更快卻耗能更小。

　　將太空高效助燃劑作為添加劑，加入燃料中可大大提高燃燒率。將一些奈米粉末添加到火箭的固體燃料推進劑中，可大幅度提高燃料的燃燒熱、燃燒效率，改善燃燒穩定性。有研究發現，在火箭固體燃料中加入 0.5％奈米鋁粉或鎳粉，可使燃燒效率提高 10％～25％，燃燒速度加快數十倍。

　　美國於 1995 年提出了奈米衛星的概念。這種衛星比麻雀略大，重量不足 10 公斤，各種零件全部用奈米材料製造，採用最先進的微機電一體化集成整

合技術，具有可重組性和再生性、成本低、質量好、可靠性強的特性。一枚小型火箭，一次就可以發射數百顆奈米衛星。若在太陽同步軌道上，等間隔地布置 648 顆功能不同的奈米衛星，就可以保證，可在任何時刻對地球上任何一點進行連續監視，即使少數衛星失靈，整個衛星網絡的工作也不會受影響。

　　由於奈米儀器比半導體儀器工作速度快得多，大大提高武器控制系統的訊息傳輸、存儲和處理能力，因而可以製造出全新原理的智能化微型導航系統，使武器的隱蔽性、機動性和生存能力發生質的變化。利用奈米技術製造的形狀如蚊子般的微型導彈，可以產生神奇的戰鬥效能。奈米導彈直接受電波遙控，可以神不知鬼不覺地潛入目標內部，其威力足以炸毀敵方火炮、坦克、飛機、指揮部和彈藥庫。

　　奈米碳管是石墨中一層或若干層碳原子卷曲而成的籠狀結構，內部是空的，外部直徑只有幾到幾十奈米。這樣的材料很輕，但很結實。它的密度是鋼的 1/6，而強度卻是鋼的 100 倍。用這樣輕而柔軟、又非常結實的材料做防彈背心是最好不過的了。如果用奈米碳管做繩索，是唯一可以從月球掛到地球表面，而不被自身重量所拉斷的繩索。如果用它做成地球至月球間乘人的電梯，人們在月球定居就很容易了。

　　如果把手機的鋰電池或是鎳氫電池，改成奈米化的燃料電池，也就是「微型燃料電池」，手機就像裝了一部超小型的發電機一樣，可以待機 100 天；充電的動作改成補充燃料，也只要幾秒鐘。可以想像成：開車發動非常容易，只要一加油，引擎就啟動，燃料的填充也可以用容易的填充方式，就像打火機一樣。到國外或偏遠地區，只要多帶一兩片燃料電池用品就可以持續使用，而燃料也可以在超商買到，燃料取得非常容易。

○ 1-8　奈米仿生科技

　　一般人認為大自然界的各種生物其行徑、色彩、結構等等皆是與生俱來的，可是就其行徑、色彩、結構上，則不能以簡單的認知給掩蓋。我們透過大自然多樣的生物現象，透過人類的思維啟發進而應用在任何的領域上，隨著科學家的研究探討，了解生物本身具有的特質，經歷很長的時間慢慢累積的智慧，激發出很多的創意[24,25]。

　　從自然界裡，人類經常做的事情就是看各式各樣的動物，人類雖然是高等動物，可是能力是有限的，我們跑步沒有比馬快，也無法在空中飛翔，在水裡游泳也沒有比魚快，更不可能像壁虎一樣爬牆壁，可是我們有一顆高智慧的頭腦，近代的一些仿生架構就是觀察一些動物，重複研究理論再做預測。舉例：為何蓮葉表面不會有污染？為何孔雀羽毛光鮮亮麗？為何蜂巢結構比較特別？這些生物本身所表現的特質，均是奈米科學極力研究的目標。

1-8-1　蜘蛛絲的韌性

　　在日常生活中，通常在各式各樣的小角落，有時不經意的會發現佈滿了蜘蛛絲與灰塵，第一反應便是將它打掃乾淨，蜘蛛絲很容易就被人為給破壞掉，可是在昆蟲的世界裡卻不全然是這樣，它的目的就是網羅小昆蟲以便讓蜘蛛覓食，以及藉由爬行於蜘蛛絲而到各個地方。在這微觀上我們會出現很多問題，為何蜘蛛絲這麼脆弱可是卻能在空中結織成網形狀，而且還能將網結的更大，這種可隨風飄搖卻堅韌的蜘蛛絲，可網織的高手之一。

　　蜘蛛會吐絲是從它體內所產生的胺基酸在絲囊內時呈液態狀，在吐出蜘蛛絲時會與空氣接觸，水分會快速散去，進而形成固狀結晶的非水溶性蜘蛛絲。而絲囊內呈液態狀水溶性的胺基酸蛋白分子鏈並未形成結晶，所以沒有固定的排列方式。只有在水溶性的蛋白質蜘蛛絲溶液受到蜘蛛腹部的壓力，被擠壓通過腺體前狹窄的紡管時，蛋白分子鏈才會因為受高剪切力作用而順向排列成液

晶態溶液。控制蜘蛛吐絲的過程是造就絲品質的關鍵。至於吐絲過程與機制，可是目前還無法完全知曉，關鍵性的技巧，現行科技技術仍無法模仿。

　　一般我們都認為蜘蛛吐絲是利用嘴的吐絲結構來產生，事實上是從紡絲器上之噴口排出，會以蜘蛛的種類而有所不同，紡絲器通常有3～4對，其內擁有5～8個紡嘴板，若再加上每個紡嘴板上有200～300個噴口，那麼蜘蛛的紡絲能力非同小可。利用到紡織的工廠裡，其抽絲的紡嘴設備就很像蜘蛛的紡絲器。科學家們在摸索蜘蛛絲的蛋白質成分的同時，對於蜘蛛絲結構也同樣的充滿疑惑。美國科學家 Lynn Jelimski，曾經使用核磁共振儀來分析蜘蛛絲，發現蜘蛛絲蛋白丙胺基內，存在著胺基酸規則排列與不規則兩大區域。另外，蜘蛛吐出來的絲常常是粗細不同的。其實固體狀的蜘蛛絲內呈不規則糾結狀的甘胺酸蛋白分子鏈，是其具有彈性的原因。實驗證明吐絲越快，施力越強，其皺摺狀分子鏈形成的結晶構造也就越多，其強度也會增大。但實際上蜘蛛絲的機械性質並不遵守一般應力與應變之線性關係[26]。

　　第一個人造蜘蛛絲是在 2002 年 1 月，加拿大尼可西亞生物技術公司與美國陸軍戰士生物化學指揮部的科學家合作，成功模仿了蜘蛛，利用蜘蛛的基因製造了重組的蜘蛛絲蛋白質，並用蛋白質與水體系完成紡絲過程。該公司將人造蜘蛛絲的商品名定為生物鋼，因為生產過程與煉鋼一樣沒有溶劑污染環境，所以這重大成果是人類對於高性能纖維進行綠色生產是一項新的里程碑。目前天然蜘蛛絲仍優於人造蜘蛛絲，但以目前紡織的最佳處理過程，著重於高纖維度，所以再過不久便能達到天然蜘蛛絲的水準[27]。

　　由蜘蛛吐絲的過程，以及在蜘蛛絲的結構特性上，不難發現蜘蛛在經過好幾億年的演化過後，其製絲在效率及準確度上均堪稱一流，且低能源、複合、液晶凝膠、精密控制可稱其為至高境界，因為它只需要配合適當的溫度、在穩定的大氣壓下，以少量的水為溶劑，便能產出完美的纖維。但如果是合成的化學纖維，便需在高溫下製程，不但使用有害之觸媒，更會產生有毒之副產物。基本上，模仿與研究對人類的貢獻可能高於最終產品的需求。

圖 1.15 天然蜘蛛絲網狀結構[28]

1-8-2 壁虎足部的吸功

壁虎是很典型的爬蟲類，我們經常可以在不經意間見到壁虎從牆壁上爬行而過，不只如此，偶然抬頭，還可以看見它倒立爬行於天花板上，甚至動也不動，感覺上地心引力好像和它一點關係也沒有，即使在光滑的表面上，也都難不倒壁虎。

圖 1.16　壁虎足部細微構造[24]

　　壁虎腳趾的黏著性和一般膠帶大不相同。壁虎的腳底不是黏性聚合物，而是數以百萬計的細小剛毛。每根剛毛尖端有極小的奈米結構，稱為匙突，可緊密附著在物體表面上。剛毛附著物體的方式是分子間微弱的凡得瓦力(Van der Waals force)，這主要是藉由奈米結構的作用，而不是表面的化學作用。這項發現證明，只要將任何表面劃成極小的突出，就可使表面具有黏性[29-31]。

　　壁虎腳底下的秘密，很早就引起科學家的注意。科學家對體長可達三至四十公分，重量重達二至三百克的大壁虎進行觀察，藉由觀察來找出為何體型龐大卻能吸附在牆壁上的大壁虎。在直接以肉眼觀看範圍下，很明顯看見壁虎腳趾尾部有著特殊的組織，在足腹柔軟的黏著足墊上具有呈現一條條弧狀、如同多道波紋漣漪皺褶的脊狀肉瓣，長約 1mm～2mm。在愈來愈多科學家的努力下，於是恍然大悟，原來在壁虎的脊狀皮瓣上還均勻覆蓋著一根根如毛髮般，稱為剛毛的陣列結構。每根剛毛的長度在 30～130μm 之間，直徑則為 5～10μm，約為人類頭髮的 1/10。它們主要是由天然的 β 角質素所形成，除此之外，每一根剛毛的末端還具有如樹枝狀的分支，進一步分叉形成數量介於 100～1000 根為數不等、直徑在 0.1～0.2μm，稱為匙突的結構組織。整體而言匙

突底部的肉柄與剛毛連接，另一端則與外型似扁平三角形，寬度約 200nm、厚度約 $0.01\mu m$ 的末端結構相連，就好似一把湯匙，它靠著扁平的匙部與物體作近乎點狀的接觸，成為壁虎真正與表面進行接觸的結構。

　　那麼如果當壁虎的剛毛接觸表面的時候，研究出其大小落在奈米範圍的底端，最大不能超過二奈米，不然就無法感受到那種吸引力了。它既不是重力也不是電力，而是叫做凡得瓦力，是以荷蘭物理學家凡得瓦命名的。在動物圈裡面不是只有壁虎才有抓力，其甲蟲、蒼蠅、蜘蛛也均具有優異的附著力，剛毛越多附著力相對就越好，所以當我們看見越大隻的壁虎，體重越重吸附力越大。

1-8-3　水　蠅

圖 1.17　水蠅[31]　　　　圖 1.18　水蠅足部構造[32]

　　有時候我們會在池塘或水窪中看到一種能在水面自由滑行的小昆蟲，這種昆蟲叫做水蠅。它有 6 隻腳，成 3 對：最前面的一對較短，職司補食；中間的一對較長，負責滑行；尾端一對，具煞車與轉向的功能。

1-8-4　巴斯大學的仿生學研究—使用撓性鰭狀物做推進

　　Mr. Paul Riggs 受到海龜(turtle)及蛇頸龍(plesiosaur)四鰭在水中推進的啟發，藉由不同於 MIT 所做的以及人類長期發展的技術(如螺旋槳)，針對撓性鰭狀物的推進作一基礎且深入的研究，特別是在撓性鰭狀物的測試機台設計製作(flow tank)、流場影像視覺化的處理以及下水仿生機械魚(bathymysis)的設計、製作、測試、比賽等將作一深入淺出的演講，因為語言的問題，已事先溝通過多以圖形及動畫展現他所要表達的。他們在實作上的經驗很適合國內技職體系的同學多加學習[33]。

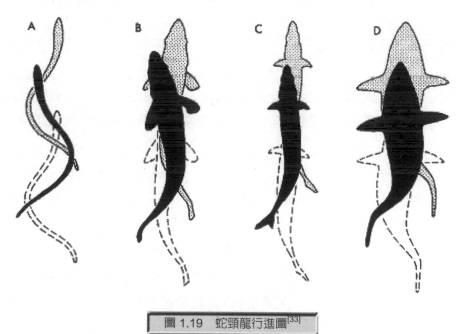

圖 1.19　蛇頸龍行進圖[33]

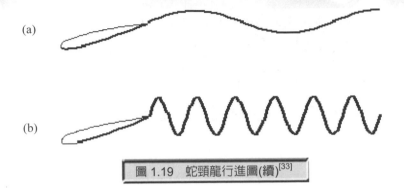

(a)

(b)

圖 1.19　蛇頸龍行進圖(續)[33]

1-8-5　自然界生物中的奈米高手們(微生物、病毒)

　　濾過性病毒被認為是自然界最精緻的奈米元件，首要優點是它們具有很大的差異性可供選擇，而另一個優點則是它們已是存在的物質。以現有的認知，工業上有用之奈米元件的自組與建構完全仰賴於元件成分的本質，這些被期望的奈米成分的特性包括：可複製、重組；具有可辨認、功能、活性的本質；可感應環境。生物巨分子具有的特性，可以利用分子生物方法及化學方法方便地驗證或使其表現上述的特性，這類物質包括：核酸：具有自行重組、複製的能力。蛋白質：大多具有專一性，可對環境感應。具極性的脂質：有自行重組的能力。探討相關之奈米技術，包括核酸分子自體組合系統應用於多維的構造控制、拓樸學、分子光電元件、電子傳遞、電子通道、奈米級感測陣列晶片。此外，仿生物感官元件部分，包括人工視網膜、人工嗅覺、人工味蕾、人工神經傳導等，例如運用微機電技術製造微懸臂傳導器與生物材料結合，利用其體積微小反應靈敏的特性，以多元陣列的方式整合，可使此生物感測器更接近仿生物嗅覺或味覺的實際狀況。

　　奈米生物為濾過性病毒，因為它是基因工程中極為重要的工具，牠常在基因工程上的工作裡扮演搬運工人的角色，可以把指定基因輸入病毒的殼，藉由病毒的傳染性把基因併入指定細胞的基因裡，然後就可以促使細胞產生所需蛋白質，例如：用輸入胰島素基因的病毒傳染大腸桿菌[34]。

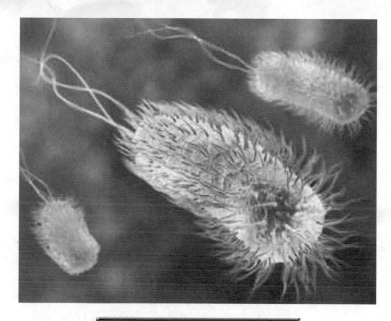

圖 1.20　生物的奈米推進纖毛[34]

參考文獻

[1]　中國科學院納米科技網網站資料 http://www.casnano.net.cn/。

[2]　中國科普博覽-納米世界網站資料
http://www.kepu.com.cn/big5/basic/nano/。

[3]　國科會奈米科技網站網站資料 http://www.nsc.gov.tw/nat/nano/。

[4]　台灣科協會訊，91 年 12 月，台灣產業科技推動協會。

[5]　微系統暨奈米科技協會會刊，第 8 期，91 年 11 月，微系統暨奈米科技
協會。

[6]　黃楓台，91 年 2 月，奈米與微機電，國科會科技中心。

[7]　經濟部，91 年，「挑戰二○○八─國家發展重點計畫」奈米國家型科
技計畫書。

[8]　中研院物理所奈米科學實驗室簡介資料，92 年 2 月。

[9] 國家奈米元件實驗室簡介資料，92 年 2 月。

[10] http://www.sciam.com.tw/read/readshow.asp?FDocNo=121&DocNo=193

[11] http://www.lostseaopals.com.au/opals/index.asp

[12] 民生報 2003.06.12。

[13] 崴達健康圖書館 2002.11.20。

[14] http://www.stut.edu.tw/nano/N49.htm

[15] http://www.bcc.com.tw/all_net/news/nimi/nimileft.htm

[16] http://www.bcc.com.tw/all_net/news

[17] http://www.sciam.com.tw/read/readshow.asp?FDocNo=184&DocNo=297

[18] 廣州奈米技術信息中心 2003.06.16。

[19] http://www.nsc.gov.tw/head.asp?add_year=2003&tid=48

[20] http://www.nsc.gov.tw/head.asp?add_year=2003&tid=66

[21] http://www.iair.com.tw/nano-4-1.htm

[22] http://www.iair.com.tw/nano-4-4.htm

[23] http://www.newnano.com.tw/index4

[24] http://science.nchc.org.tw/old_science/science/nano_bio_inspiration
/Gecko/chapter1/story.htm

[25] http://science.nchc.org.tw/vod/%B3%AF%B0%F6%B5%D9%
B0O%BF%FD%C0%C9.pdf

[26] http://ttf.textiles.org.tw/Textile/TTFroot/aa01q.htm

[27] 吳大誠、杜仲良、高緒珊，2003，奈米纖維 Nano Fiber。

[28] http://blog.freetimegears.com.tw/patrick/archives/P_net20061003_003.jpg

[29] http://etdncku.lib.ncku.edu.tw/ETD-db/ETD-search-c/view_etd?URN=
etd-0624107-104251

[30] http://sa.ylib.com/circus/circusshow.asp?FDocNo=385&DocNo=612&CL=8

[31] http://www.nsc.gov.tw/_NewFiles/popular_science_print.asp?add_year
=2007&popsc_aid=85

[32] http://www.livescience.com/animals/041103_water_strider.html

[33] http://science.kuas.edu.tw/biomimetics2006-1/index.htm

[34] http://www.ntrc.itri.org.tw/research/bn07.html

Nanotechnology

第 **2** 章

掃描探針顯微鏡

○ 2-1　掃描探針顯微術(SPM)

　　掃描探針顯微術(scanning probe microscopy，SPM)包括了掃瞄穿隧顯微術(scanning tunneling microscopy，STM)、原子力顯微術(atomic force microscopy，AFM)、磁力顯微術(magnetic force microscopy，MFM)等，這些技術的構造、操作方式類似，主要差異在探頭結構及其量測技術。SPM 具極佳的解析度，如 STM、AFM 有原子級解析能力，而不同探頭能對不同物性(表面高低、原子力、磁性、光電特性等)的量測，這對於基礎學術研究及工業技術應用，是一重要分析儀器，很多功能是目前其他技術無法達到的[1]。

　　由於微電子元件日趨精密微小，量測的精確度變得相當重要。SPM 因可提供適當的奈米級量測，而能確保製造部門嚴格的品質控制與成本的降低。因此，預期未來 SPM 的市場需求仍會不斷擴大，綜觀其市場與技術趨勢之特色如下[2]：

一、SPM 的技術仍在不斷延伸中

　　自 STM 發明後，各式的掃描探針顯微技術亦開始蓬勃發展，廠商不斷開發有特定用途的顯微技術，例如在探針塗一層磁性材料，以磁力顯微術(MFM)來量測電子結構；其他的研發尚包括：磨擦力顯微術(friction force microscopy，FFM)、靜電力顯微術(electric force microscopy，EFM)、近場光學顯微術(scanning near-field optical microscopy，SNOM 或 NSOM)，及磁力共振顯微術(magnetic resonance force microscopes，MRFM)等。這些顯微術均是藉由偵測微小探針與樣品表面間的交互作用力，如：穿隧電流、原子力、磁力、近場電磁波、核子磁性動能(nuclear magnetic moments)等，來描述樣品表面之特性。

二、SPM 等探針型資料儲存技術，將促進超高密度儲存系統之發展

利用探針型顯微術記錄資料，選擇不同交互作用方式，會影響資料密度的儲存。各國研究單位均投入大量的 R ＆ D，希望利用探針微小的尖端儲存資料，期望把儲存系統的密度推到原子級的領域。這種奈米級的資料儲存技術，應用在高密度、高容量儲存系統之市場潛力很大。根據工研院機械所資料統計，預期到公元 2003 年全球高密度、高容量資訊儲存系統之銷售值約 410 億美元。美國 Terastor 利用近場光學顯微術(SNOM)，將磁光讀寫頭改進成近場光學讀寫飛行頭，而發展出近場光碟機。這個新產品，較目前市場上的一般光碟機儲存容量大，單面記錄容量超過 20Gbites，且記錄密度可達 12Gbits/inch^2，但價格較相同容量之光碟機便宜；並且這個近場光碟機，擁有讀取速度快，信賴度高之優點。圖 2.1 是 IBM 公司發展的高密度 AFM 資料儲存系統，利用 32×32 根的懸臂樑陣列，如圖 2.2，以加熱的方式，在有機薄膜上挖個圓孔，達到資料儲存 4 GB cm^2 的目的；但唯一的缺點，是讀寫的速度還有待提昇。

多 肢 體

極其水平且稠密的原子力顯微鏡資料儲存系統

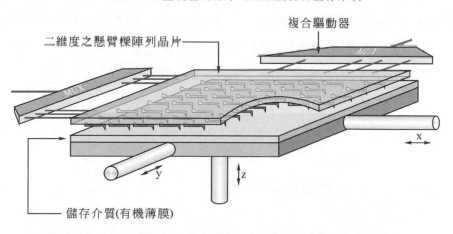

圖 2.1 AFM 資料儲存系統(資料來源：http://www.research.ibm.com)

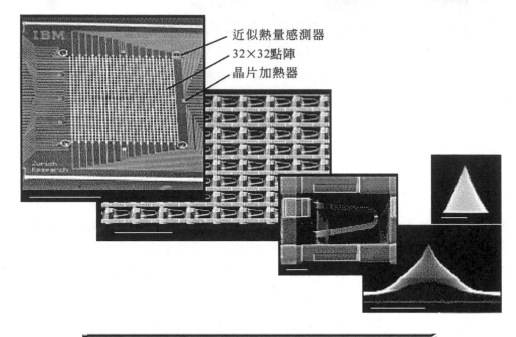

近似熱量感測器
32×32點陣
晶片加熱器

圖 2.2　探針陣列(資料來源：http://www.research.ibm.com)

三、SPM 技術將朝更高解析系統發展

SPM 在作為晶圓檢測工具時，可提供達到水平或垂直尺寸 1nm 之解析度；IBM 一直致力於這方面的研發，希望能將 SPM 解析度提高到 2 pm(1 pm = 10^{-12} m)，此外藉助電腦影像法則，亦可改善解析度之表現。

四、SPM 的功能與效能將愈來愈強

AFM 技術不論是在懸樑尖端(cantilever tips)之製造，或是在探針尖端與樣品間定位技術方面，均有長足的進步。這些技術的改善，能更輕易地量測樣品的 3-D 結構，使製程品質得以持續提高。

五、SPM 在生物材料的應用深具潛力

SPM 用在分子奈米技術研究上，著重於控制化學交互作用的反應尖端(reactive tips)特性。藉著探針尖端的適當組合，可達到所設計的分子鍵結。

● 2-2 掃描穿隧顯微鏡(STM)[3]

2-2-1 掃描穿隧顯微鏡(STM)的基本原理

STM 的發明，被國際科學界公認爲 20 世紀十大科技成就之一，由於這一傑出成就，Binnig 和 Rohrer 獲得了 1986 年諾貝爾物理獎。介紹 STM 的原理之前，必須先了解「穿隧效應」。電子穿隧現象乃量子物理的重要內涵之一，在古典力學中，一個處於位能較低的粒子，根本不可能躍過能量障礙到達另一邊，如圖 2.3 所示[3]。除非粒子的動能超過 V_0，才有可能。但以量子物理的觀點來看，卻有此可能性。所謂的「穿隧效應」，就是指粒子可穿過比本身總能高的能量障礙。穿隧的機率和距離有關，距離愈近，穿隧的機率愈大。當兩個電極，相距在幾個原子大小的範圍時，電子能從一極穿隧到另一極，穿隧的機率和兩極的間距成指數反比的關係。

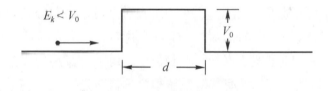

圖 2.3　粒子與能量障礙[3]

STM 的基本原理是量子的穿隧效應，利用金屬針尖在樣品的表面上進行掃描，根據量子穿隧效應的大小，來獲得樣品表面的圖像。通常掃描穿隧顯微鏡的針尖與樣品表面的距離非常接近(0.1 nm 至 1.0 nm)，它們之間的電子雲會互相重疊，當在電極間施加一偏電壓 Vb(通常爲 1 mV 至 3 V)時，電子就可以因量子穿隧效應由針尖(或樣品)轉移到樣品(或針尖)，在針尖與樣品表面間形成穿隧電流。

掃描式穿隧顯微鏡是將一微細的金屬探針，例如鎢絲探針，黏在壓電材料製作的掃瞄器上。用電壓大小控制壓電材料的移動，其準確度高到可控制探針

於試片的表面，有外加偏壓存在，當探針接近表面時，會有穿隧電流。若此時開始上下左右掃描試片，並維持某穿隧電流值為參考標準。當試片表面向外突起，因為探針要維持一個固定的穿隧電流值，掃描探針會往後退，因此而記錄表面突起狀態。這就是掃描穿隧顯微鏡，可探得表面高低訊號的原理。藉探針在樣品表面上下來回掃描，並記錄在每一取像點(pixel)上的高度值，便能構成一幅二維圖像，該圖像之解析度取決於探針結構，如果探針尖端只含幾顆原子，則試片表面原子排列情形愈能獲知。

掃描穿隧顯微鏡，是研究導電樣品表面原子性質的有利工具，表 2.1 列舉了掃描電子顯微鏡(scanning election microscopy，SEM)與掃描穿隧顯微鏡(STM)之簡單功能比較。很明顯地，STM 在空間解析度上較優，尤其是垂直表面(Z)方向，電子顯微鏡不太能分辨 10 nm 以下的高度差，用 STM 就不難達到 0.01 nm 的解析度。再者，電子顯微鏡在觀察之前，非金屬則需事先處理；有些樣品如生物分子，在乾燥及鍍導電膜等程序處理過後，往往與原始狀態有所不同。另外，電子顯微鏡的高能量電子束，對某些樣品(尤其是脆弱的生物分子)具有破壞性。STM 則不具破壞性，樣品也通常不需事先處理，更可在真空、空氣、水溶液等各種環境下操作，限制很少。再加上其造價低於電子顯微鏡，體積小、設計彈性又高，易與其他系統整合，若與光學顯微鏡結合，可以說是「鉅細彌遺」。

表 2.1　表面分析儀器性能比較

分析技術	分辨本領	工作環境	工作溫度	對樣品的破壞程度	檢測深度
STM	可直接觀察原子	大氣、溶液、真空均可	室溫	無	1-2 原子層
	垂直分辨：0.01 nm		低溫		
	橫向分辨：0.1 nm		高溫		
SEM	採用二次電子成像	高真空	低溫	小	1 mm
	縱向分辨能力：低		室溫		
	橫向分辨：6-10 nm		高溫		

2-2-2 STM 儀器架構[3]

圖 2.4 是 STM 的基本架構圖，其主要構成有：頂部直徑約爲 50 至 100 nm 的極細金屬尖(通常是金屬鎢製的針尖)，用於三維掃描的三個相互垂直的壓電陶瓷，以及用于掃描和電流反饋的控制器(control unit)等。掃描穿隧顯微鏡的取像方式，有兩種工作模式如圖 2.5。

一、電流取像法(constant current mode)

以設定的穿隧電流(約 1nA)爲回饋訊號。由於探針與樣品表面的間距，和穿隧電流有十分靈敏的關係，設定穿隧電流值，即鎖定探針和樣品表面之間距。當探針在樣品表面掃描時，探針必須隨表面之起伏調整其高度(即 z 值)；因此，以探針的高度變化來呈像，就反映出樣品表面的形貌。

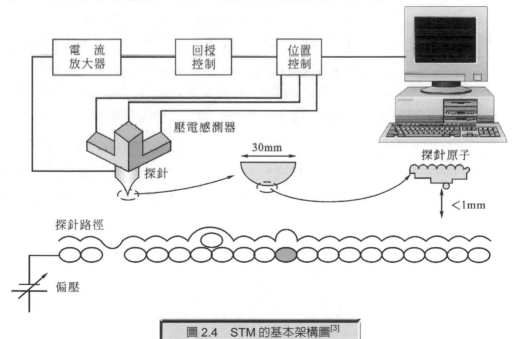

圖 2.4　STM 的基本架構圖[3]

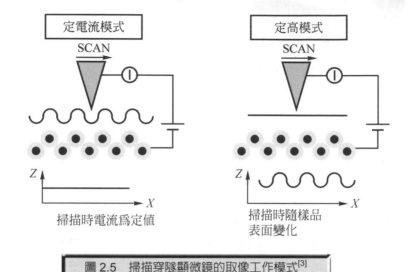

圖 2.5　掃描穿隧顯微鏡的取像工作模式[3]

二、定高度取像法(constant height mode)

　　直接以穿隧電流值來呈像。當探針以固定的高度掃描樣品表面時，由於表面的高低變化，導致探針和樣品表面的間距變化，穿隧電流值也隨之改變。

　　嚴格說來，掃描穿隧顯微鏡取得的像，除了反應樣品表面的幾何形貌，也包含表面的局部電子特性。因為穿隧電流的大小，除了和探針及樣品的間距有關外，也和探針所在位置的表面電子密度有關。

　　STM 除了提供試片表面原子的排列外，也能用來觀測試片表面電子分布狀態。在固定的距離時，穿隧電流和針尖下，樣品區域內的電子能態密度成正比。因此，利用上述的電流密度取像法，表面的電子結構可依不同的能級顯現出來。另外，對於有些金屬表面的電子，因其有近乎自由電子的特性，有如二維電子系統，當其受表面階梯、缺陷或雜質影響時，便能產生波狀條紋，利用STM 可直接觀察。

◯ 2-3　原子力顯微鏡(AFM)

　　掃描式顯微技術提供我們對表面微結構更進一步的了解，STM 的發展使試片表面分析的技術達到原子尺度。但是 STM 的樣品必須是導體，且表面必須平整。AFM 的發明，消除 STM 對試片這些要求的限制。在目前的各種掃描式探針顯微技術中，應用最廣的首推 AFM。AFM 以量測原子間凡得瓦力(Van der Waals' Force)為主，來得到表面原子排列的圖像，又可適用於各種的樣品，不分導體或非導體，可以說是，彌補了 STM 只能用於導體上的缺點。AFM 的這項優勢在材料科學、物理科學及工程應用等領域上，均佔有很重要的地位。而近年來，許多生物科學家也將 AFM 的三維影像解析能力，運用於生命科學、生物技術學和奈米分子的研究上。

2-3-1　AFM 的工作原理

　　AFM 是一種類似於 STM 的顯微鏡技術，它的許多元件與 STM 是共同的，例如用於三維掃描的壓電陶瓷系統以及反饋控制器等。它與 STM 主要差異，是用一個對微弱力極其敏感的微撓性懸臂(cantilever)針尖，代替了 STM 的隧道針尖，AFM 並以探測懸臂的微小變形及偏轉，代替了 STM 的探測微小隧道電流。因為 AFM 操作時不需要探測隧道電流，所以可以用於分辨包括絕緣體在內的各種材料表面上的單原子，其應用範圍比 STM 更加廣闊。但從分辨率來看，AFM 還要比 STM 略微低些。圖 2.6 為 AFM 系統及其反饋控制器。

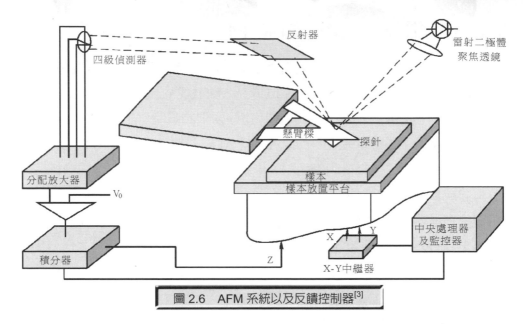

圖 2.6 AFM 系統以及反饋控制器[3]

目前市面上有多種基本形式之 AFM，分別爲接觸式、輕敲式及非接觸式。接觸式及非接觸式易受外界其它因素，如水分子之吸引，而造成刮傷材料表面及解析度差，所引起的影像失眞問題。以下介紹三種基本形式之 AFM[4]：

一、接觸式(contact mode)

AFM 在圖像掃描時，針尖與樣品表面輕輕接觸，原子間產生極微弱的排斥力10^{-8} 至10^{-6} N(牛頓)，使得懸臂發生的微小偏轉，當這種偏轉被檢測出，並用反饋來保持力的恆定，就可以獲得微懸臂對應於掃描各點的位置變化，從而得到樣品表面形貌的圖像。接觸式 AFM 由於接觸面積極小，過大的作用力會損壞樣品，尤其是對軟性材質。不過，較大的作用力，通常會得到較佳的解析度，所以選擇較適當的作用力，便十分重要。由於排斥力對距離非常敏感，所以較易得到原子解析度。

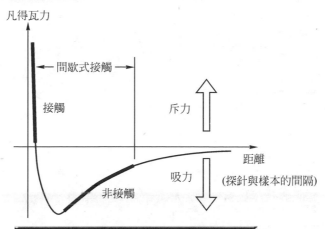

凡得瓦力

間歇式接觸

接觸

斥力

距離
(探針與樣本的間隔)

吸力

非接觸

圖 2.7　凡得瓦力與針尖樣本間距的關係

二、非接觸式(Non-contact Mode)

　　為了解決接觸式 AFM 可能損壞樣品的缺點，而發展出非接觸式 AFM，它利用原子間長距離的吸引力—凡得瓦力來運作。由於探針和樣品間沒有接觸，樣品沒有被損壞的顧慮，不過此吸引力對距離的變化率非常小，必須使用調變技術來增加訊號對雜訊比。另外，受空氣中樣品表面水膜的影響，其解析度一般只有 50 nm，而在超高真空中則可得原子級解析度。

三、輕敲式(tapping mode)

　　將非接觸式 AFM 加以改良，以懸臂振盪方式，探針在試片上跳動，當探針振盪至波谷時，微接觸樣品，如圖 2.8 所示。由於樣品的表面高低起伏，原子間作用力使懸臂振幅改變，利用接觸式的回饋控制方式，便能取得高度影像。它的解析度介於接觸式與非接觸式之間，且破壞樣品的機率大為降低。但由於高頻率探針敲擊，對很硬的樣品，探針針尖可能受損，甚至留下殘餘物在試片表面。

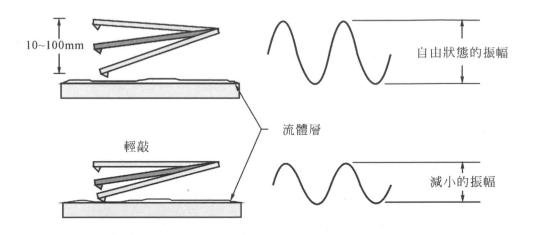

10~100mm

自由狀態的振幅

流體層

輕敲

減小的振幅

圖 2.8　輕敲式 AFM，驅動探針跳動來掃描試片，以懸臂的振幅量來作訊號回饋
(資料來源：Veeco/DI Catalog，2002)

原子力顯微鏡之優點：

1. 相較於傳統微米尺度之表面量測，原子力顯微鏡具有較佳之垂直解析度與水平解析度。

2. 可應用於導體與非導體材料之幾何形貌(topography)、粗糙度(roughness)、關鍵尺度(critical dimension)之量測。

3. 具奈米級超高空間解析度，又可在大氣與各種環境(液體內)下工作之便利性。

原子力顯微鏡之缺點：

1. 量測之面積範圍有限，僅數十微米。

2. 最高解析度不及穿隧式掃描顯微鏡。

　　另外，還有一種用來量測側向力、從事奈米級摩擦量測，以及研究自我組裝單層結構之剪力特性的側向原子力顯微鏡(lateral force microscopy，LFM)，其量測原理，則是利用探針刮過試片表面，來進行表面粗度(摩擦係數)量測。因此又名為摩擦力顯微鏡(friction force microscopy)。量測範圍大致是低於 90

度旋轉角，且此設備需於穩定性高的基座平台上操作。圖2.9為Volker Scherer[5]利用尖端為剛性材質(矽化物)，而基座為壓電材料移動台，所構成的側向力顯微鏡；掃描樣本時，壓電基座移動，使得懸臂樑刮過試片表面而變形。

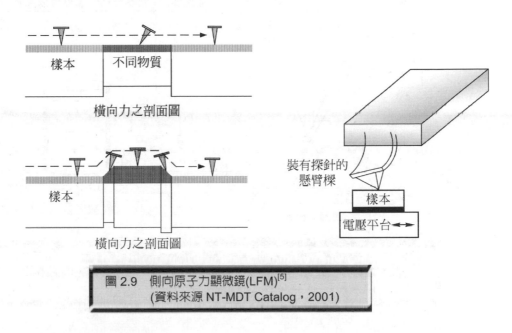

圖2.9　側向原子力顯微鏡(LFM)[5]
(資料來源 NT-MDT Catalog，2001)

2-3-2　AFM 儀器架構

圖 2.10 為 AFM 的基本構造，AFM 使用很銳利的探針詳細掃描樣品的表面，探針長度只有幾微米長，直徑一般小於 100 nm。探針一般由成分 Si、SiO_2、SiN_4 或奈米碳管等所組成。當探針尖端和樣品表面非常接近時，二者之間會產生一股作用力，稱之為凡得瓦力，它的大小會隨著原子間之距離而變化。此作用力會影響懸臂彎曲或偏斜的程度，當以低功率雷射光打在懸臂末端上，利用一組感光二極體偵測器(Photo-detector)，測量雷射光反射角度的變化。當探針掃描過樣品表面時，由於反射的雷射光角度的變化，感光二極體之電流也會

隨之不同，藉由量測電流的變化，可推算出懸臂被彎曲或歪斜的程度，經輸入電腦計算，可產生樣品表面三維空間的影像。

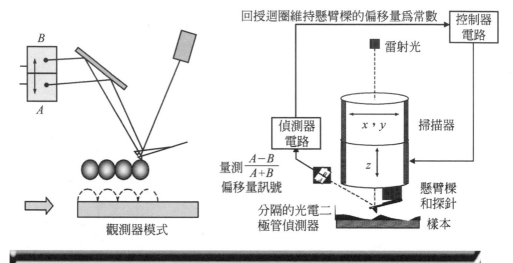

圖 2.10　AFM 的基本構造，利用具有懸臂的探針接觸且輕壓表面，由於反作用力使得探針的懸臂產生偏折，而偏折量的大小代表反作用力的大小 (資料來源：Veeco/DI Catalog，2002)

　　微懸臂及探針主要是靠掃描器來對樣器進行 X、Y、Z 三度空間之掃描，目前國內工研院在掃描器之設計成果，主要是利用壓電管來做為致動設備，其定位精度可以達到奈米等級，而為了讓樣品能夠快速進行 X、Y、Z 三度空間定位，則必須再另外開發可以具微奈米定位等級之定位平台進行配合，其圖 2.11 即是工研院自製 AFM 之掃瞄器及精密定位裝置。

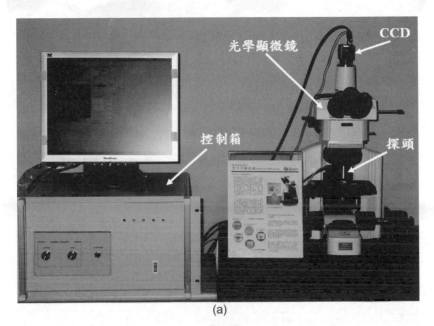

(a)

(b)

(c)

圖 2.11　國內工研院自製之 AFM 掃描機構，圖(a)為整體裝置架構，圖(b)為壓電管掃描器，圖(c)為一 XYZ 定位平台與壓電管組成之精密定位裝置 (資料來源：CMS)

2-3-3　掃描範例

　　工業技術研究院量測技術發展中心是國內最早投入奈米檢測儀器技術之研究單位。從自行設計掃描探針顯微鏡、建立奈米檢測標準、到進行跨國性國際測量比對之研究活動，並從設計傳統 STM、傳統 AFM，再到開發出目前國內最微形化、模組化之顯微接物鏡式原子力顯微鏡，歷經多年技術與專利累積，在硬體與軟體技術方面已與國際最先進技術同步，以下我們將就工研究自行研發之 AFM 進行相關操作流程及掃描範例介紹。

A. 基本操作流程

　　工研院目前自行研發的 AFM 操作流程主要是以光干涉調整爲主，在系統啓動前，必須進行探針之安裝，此時須依照實驗目的安裝接觸式或輕敲式之探針，接下來即是啓動系統，首要進行的即是雷射光之靜態光干涉訊號調整，再觀察其光源訊號是否正常，如光源訊號正常，校正系統會進行第二階段，若光源訊號不正常，即會有錯誤訊息出現，我們可依照錯誤訊息內容進行相關之除錯動作。在第二階段之訊號調整，即是讓動態光干涉訊號振幅保持在正規±3 V之內做振盪，此動作即是在調整具有懸臂的探針可以在安全上下振動範圍內進行掃描之動作。在做完上述之基本調整後即進行光干涉訊號的調整，接下來即需等待系統進行計算光訊號之斜率，隨後即完成光訊號之調整。接下來必須撰擇是要用接觸式和輕敲式之掃描型式，此時須依據已安裝之探針進行相對應之模式選擇，如撰擇模式錯誤，可能會造成探針之損壞。若系統要實驗之模式爲輕敲式之掃描，即系統會進行一次尋找共振頻率的步驟，再進行下針動作，若實驗之模式爲接觸式即系統會馬上進入下針模式，最後完成下針動作，準備進行 AFM 掃描，其流程動作圖如圖 2.12 所示。

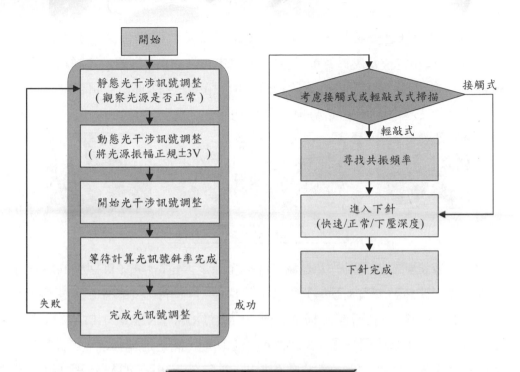

圖 2.12　AFM 之基礎操作流程圖

B. 實機基礎操作

　　在進行 AFM 掃瞄的第一步驟即是要安裝探針，在一般的情形之下，我們會將探針座安裝在探頭上，等要進行實驗前才會再將安裝好探針之探針座，重新裝回探頭上，在圖 2.13 中即是將以先前已實驗過之探針，從探頭卸下探針座，再打開探針固定座，將探針取出，換上新的探針，重新進行新的實驗。

圖 2.13　進行掃描探針重新安裝

在完成探針之安裝後，即可開啟硬體系統及軟體操作系統去控制 XY TALBE 進行粗定位及壓電管進行細定位。在圖 2.14 中即是確定控制箱之相關連線，再開啟控制箱系統啟動硬體設備，再使用軟體 ITRICMScan 系統進行軟碩體之間的交握連線，完成 AFM 之開機動作。

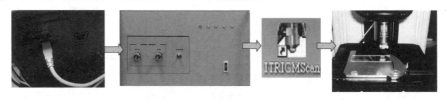

圖 2.14　進行 AFM 儀器之開機

光干涉訊號的調整目的乃是為了觀察光源是否正常。光干涉訊號的調整分為靜態光干涉訊號調整及動態光干涉訊號調整，欲進行光干涉訊號的調整，可使用工研院自行設計研發之掃描軟體 ICP©(ITRISCANPro)，其中具有支援 RemoteSPMTM 遠端網路操作與網路觀測之功能，滿足遠端掃描、影像教學、專家指導、多方討論，與系統維護等需求。並有 ScanWizardTM 流程式操作指引，清楚明瞭。我們可以依照操作指引程序，進行光干涉儀訊號之調整。靜態光干涉訊號調整的目的乃是為了檢查光源及 USB 連線正不正常，另外其附有 reset 的功用，因而在干涉訊號模式下先選擇靜態，然後按下光纖接頭調整。

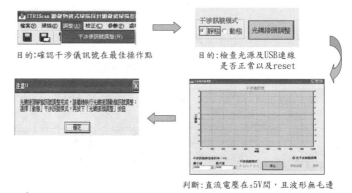

圖 2.15　進行干涉訊號之靜態調整

動態光干涉訊號其調整目的是使光正規化，爲了程式計算方便以及避免有太多的誤差，因此曲線的範圍限制在(+3～-3)之間，如圖所示在干涉儀訊號中出現一曲線其範圍在(+3～-3)之間因此便可按下**停止**。若曲線其範圍不在(+3～-3)之間，就調整電源供應器前置面板的 **signal adjust** 的 **offset** 鈕，使曲線的範圍在(+3～-3)之間。

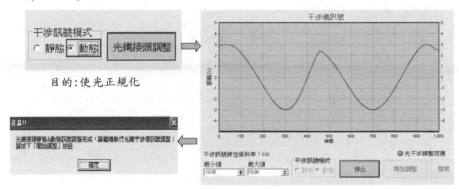

判斷：使干涉儀訊號須在±3V之間，若無調整電源供應器前置面板的signal adjust的offset鈕。

> **圖 2.16　進行干涉訊號之動態調整**

　　按下**下針**鈕，出現下針畫面，再自動下針模式中有一般與快速模式；其使用時機差別在於短行程時用一般模式，長行程時則採用快速模式。設定完下針模式後，按下**自動下針**。

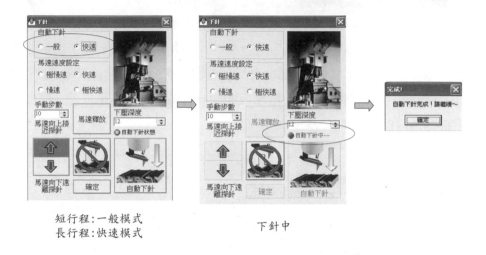

短行程:一般模式
長行程:快速模式

下針中

圖 2.17　進行自動下針模式

C. 選擇欲執行的功能

在完成上述之基礎操作流程後,即進入欲實驗之項目撰擇,工研院所研製之 AFM 有提供四種實驗之執行功能,分別是黏彈性測試實驗、力曲線實驗、輕壓拍擊實驗及掃描實驗等功能。在黏彈性之測試實驗方面,主要可以針對頻域模式或時域模式進行實驗,在經過相關之初始條件設定後,即可進行實驗,最後可以得到試物之黏彈性特性。在力曲線之實驗方面,力曲線模式(Force curve mode),使用力曲線模式的目的主要為測試樣本表面黏彈性。當掃描讀頭只做 Z 軸上下運動時,記錄懸臂的垂直方向偏移量與掃描讀頭移動距離之間的關係圖稱為力距離曲線,因此在設定完初始位置(Z1)及終點位置(Z2)之後,即可進行力曲線之實驗,最後可得到試物樣本的力距離曲線。在輕壓拍擊實驗中只要設定下壓深度,再按下開始實驗鈕,即可完成輕壓拍擊實驗。在掃描方面,需先設定相關實驗參數如解析度、欲觀察訊號種類、馬達進給速度、PI 控制器之增益值及掃描之範圍後,即可開始進行掃描,為追求試物之表面正確形貌,系統可以進行重複掃描,當達到設定之重複掃描次數後,系統即結束掃描動作然後退針,其相關執行功能流程如圖 2.18 所示。

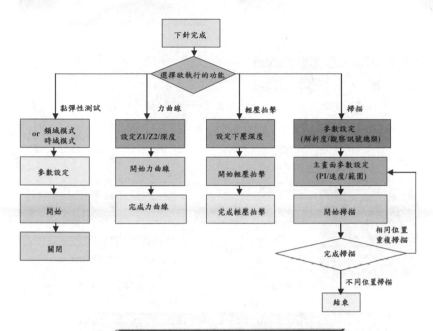

D. 實機操作掃描實驗功能

　　在此先做掃描的功能，在下拉式選單中的參數，按下掃描參數設定，出現掃描參數設定，設定解析度、掃描模式、通道列表，在此一範例中我們將使用接觸式的探針來掃描試片的表面型態。由通道列表中選擇預觀察訊號的種類，按下「>」鈕即可加入，選擇完後按下確定。在掃描式片中主要是看表面形貌與誤差訊號。設定掃描速度，一個通道的掃描速度是 0.4(sec/line)，因再通到列表中選擇了四種要觀察的訊號，因此其掃描速度為 0.4(sec/line)*4=1.6 (sec/line)。最後設定掃描方向、範圍、偏移量後，按下開始掃描按鈕。當目前掃描線為設定的解析度數時，掃描就完成了，若在掃描中途欲停止掃描則按下停止掃描按鈕，圖 2.19 即是實機操作之設定及掃描過程。

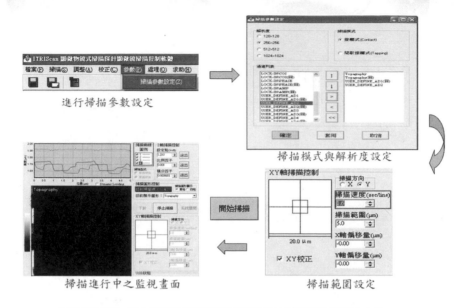

進行掃描參數設定

掃描模式與解析度設定

開始掃描

掃描進行中之監視畫面

掃描範圍設定

圖 2.19 進行相關掃描行程及範圍進行設定，並開始掃描

E. 掃描應用實例

　　目前 AFM 之使用實例中，最常應用在工業及生醫領域的樣本形貌掃描及量測，在表(2.2)及表(2.3)中我們將分別針對工業科技應用例及生醫應用例進行簡易說明，其中包含了掃描圖例的呈現、名稱及內容的說明、掃描範圍及掃描型式等。(資料來源：CMS)

表 2.2　AFM 在工業科技領域方面之應用

圖例	名稱說明	掃描範圍	掃描型式
	MRS-4 電子顯微鏡用參考片之 AFM 比對試片掃描 (2D 圖像)	10 μm×10 μm	輕敲式 Tapping mode
	電子束加工 數字光罩 (2D 掃描圖像)	10 μm×10 μm	輕敲式 Tapping mode
	電子束加工 數字光罩 (3D 圖像)	10 μm×10 μm	接觸式 Contact mode
	VLSI Standards Inc. 奈米結構 (3D 圖像)	0.5 μm×0.5 μm	接觸式 Contact mode
	VLSI Standards Inc. 奈米結構 18 nm Step height reference (3D 圖像)	20 μm×20 μm	接觸式 Contact mode

表 2.2　AFM 在工業科技領域方面之應用(續)

圖例	名稱說明	掃描範圍	掃描型式
	氧化鋯鍍膜 奈米結構 (3D 圖像)	5 μm × 5 μm	接觸式 Contact mode
	微反射鏡表面奈米 磨潤測量 (3D 圖像)	6 μm × 6 μm	接觸式 Contact mode
	主動式微反射表面 奈米磨潤測量 (3D 圖像)	8 μm × 8 μm	接觸式 Contact mode
	矽晶圓微結構 (3D 圖像)	10 μm × 10 μm	接觸式 Contact mode
	二維相位 光柵結構 (3D 圖像)	10 μm × 10 μm	接觸式 Contact mode

表 2.2　AFM 在工業科技領域方面之應用(續)

圖例	名稱說明	掃描範圍	掃描型式
	奈米金表面結構 (3D 圖像)	10 μm×10 μm	接觸式 Contact mode
	VCD 光碟片 表面結構 (3D 圖像)	10 μm×10 μm	接觸式 Contact mode
	DVD 光碟片 表面結構 (3D 圖像)	20 μm × 20 μm	接觸式 Contact mode
	DVD 光碟片壓模 模具表面結構 (3D 圖像)	20 μm × 20 μm	接觸式 Contact mode

表 2.3　AFM 在生醫領域方面之應用

圖例	名稱說明	掃描範圍	掃描型式
	人類的頭髮 (2D 圖像)	15 μm × 15 μm	輕敲式 Tapping mode
	白蟻翅膀表面結構 (2D 圖像)	20 μm × 20 μm	輕敲式 Tapping mode
	白蟻翅膀表面結構 (3D 圖像)	20 μm × 20 μm	接觸式 Contact mode
	嗜肺性退伍軍人 桿菌的細胞 L. pneumophila (2D 圖像)	20 μm × 20 μm	輕敲式 Tapping mode

表 2.3　AFM 在生醫領域方面之應用(續)

圖例	名稱說明	掃描範圍	掃描型式
	嗜肺性退伍軍人桿菌的細胞 L. pneumophila (3D 圖像)	20 μm × 20 μm	接觸式 Contact mode
	人類卵巢的局部 (2D 圖像)	20 μm × 20 μm	輕敲式 Tapping mode
	人類卵巢的局部 (3D 圖像)	20 μm × 20 μm	接觸式 Contact mode
	蝴蝶翅膀試片 (2D 圖像)	20 μm × 20 μm	接觸式 Contact mode

表 2.3　AFM 在生醫領域方面之應用(續)

圖例	名稱說明	掃描範圍	掃描型式
	蝴蝶翅膀試片 (3D 圖像)	20 μm × 20 μm	接觸式 Contact mode
	蟬翅膀試片 (2D 圖像)	20 μm × 20 μm	接觸式 Contact mode
	蟬翅膀試片 (3D 圖像)	20 μm × 20 μm	接觸式 Contact mode
	青蛙卵試片 (2D 圖像)	20 μm × 20 μm	接觸式 Contact mode

表 2.3　AFM 在生醫領域方面之應用(續)

圖例	名稱說明	掃描範圍	掃描型式
	青蛙卵試片 (3D 圖像)	$20\ \mu m \times 20\ \mu m$	接觸式 Contact mode
	生物晶片-A (2D 圖像)	$20\ \mu m \times 20\ \mu m$	接觸式 Contact mode
	生物晶片-A (3D 圖像)	$20\ \mu m \times 20\ \mu m$	接觸式 Contact mode
	生物晶片-B (2D 圖像)	$20\ \mu m \times 20\ \mu m$	接觸式 Contact mode
	生物晶片-B (3D 圖像)	$20\ \mu m \times 20\ \mu m$	接觸式 Contact mode

F. 掃描結果分析

　　在完成 AFM 掃描後之圖像資料處理，可以使用工研院自行開發的專業級 3D 影像軟體 TopoMaster™進行影像處理，其中軟體支援了中文化的介面，易學易用，並具備了影像處理工具箱與統計分析工具箱，除了包含 FFT、高斯濾波等 Frequency 與 Space domain 濾波功能外，TopoMasterTM 還採用參考 ISO 規範定義之函數，提供包括如粗糙度等符合標準、嚴謹之測量數值，最後可將測量結果，匯出成 jpg、bmp、txt 或 Excel 等格式。以下我們將針對幾種掃描應用結果分析進行說明。在圖 2.20 中所掃描的是一片 DVD 試片，在其圖(a) 中所呈現的是一 2D 的樣本表面形貌圖，在這個圖中有兩個尺標，在上側之尺標是表示掃描之範圍，在左側之尺標是表示試片樣本之所得掃描深淺，愈黑的表示愈深。在圖(b)中所呈現的是一 3 D 圖現，此種圖形能完全的表現出試片表面的形貌。在圖(c)是一執行「線分析」後得之結果，其中我們可以使用尺規去定義水平的點與點的距離或高低的距離，進而可得到量測相對位移量及其整體試片之表面粗糙度等分析。在圖(d)所呈現的是一「區域分析」結果，當我們選擇一欲分析區域後，我們可以得到所選區域之深度直方圖及其它表面形貌參數，例如最大值、平均粗糙度等等。我們以下會針對 DVD 試片如圖 2.20，DVD 壓模試片如圖 2.21、蝴蝶翅膀試片如圖 2.22、蟬翅膀試片如圖 2.23，分別進行掃描，再進行掃描影像之「線分析」及「區域分析」，這些範例將可讓我們得知更多 AFM 實例應用掃描後，其資料分析之成果。

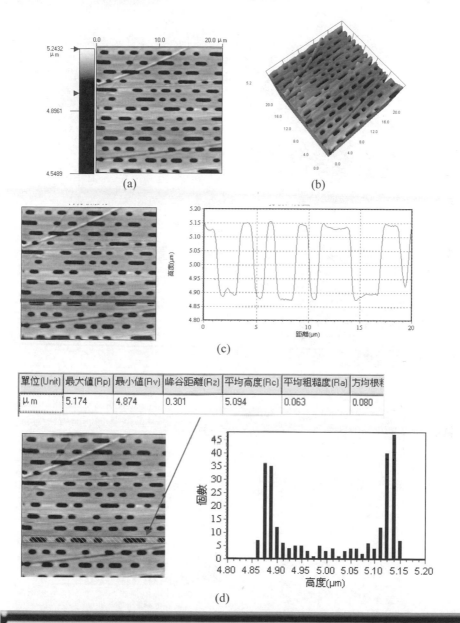

單位(Unit)	最大值(Rp)	最小值(Rv)	峰谷距離(Rz)	平均高度(Rc)	平均粗糙度(Ra)	方均根料
μm	5.174	4.874	0.301	5.094	0.063	0.080

圖 2.20　DVD 試片，圖(a)為 2D 表面形貌圖，(b)為 3 D 表面形貌圖，(c)為「線分析」可得點與點的水平距離或高低距離量測及粗糙度等分析，(d)為「區域分析」，可得所選區域之深度直方圖及其它參數如最大值、平均粗糙度等等

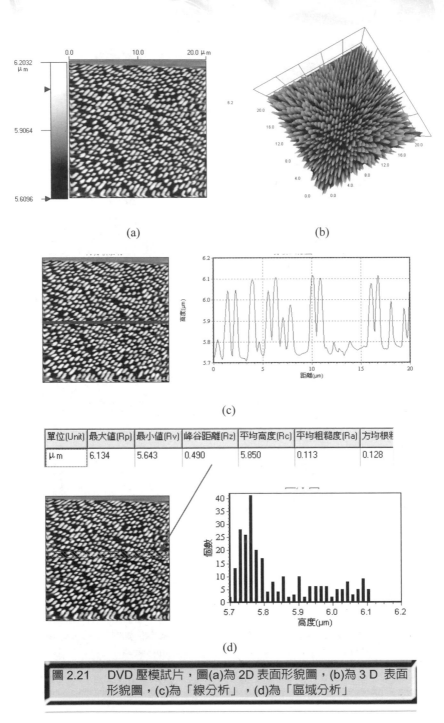

單位(Unit)	最大值(Rp)	最小值(Rv)	峰谷距離(Rz)	平均高度(Rc)	平均粗糙度(Ra)	方均根¥
μm	6.134	5.643	0.490	5.850	0.113	0.128

(a)　　　　　　　(b)

(c)

(d)

圖 2.21　DVD 壓模試片，圖(a)為 2D 表面形貌圖，(b)為 3D 表面形貌圖，(c)為「線分析」，(d)為「區域分析」

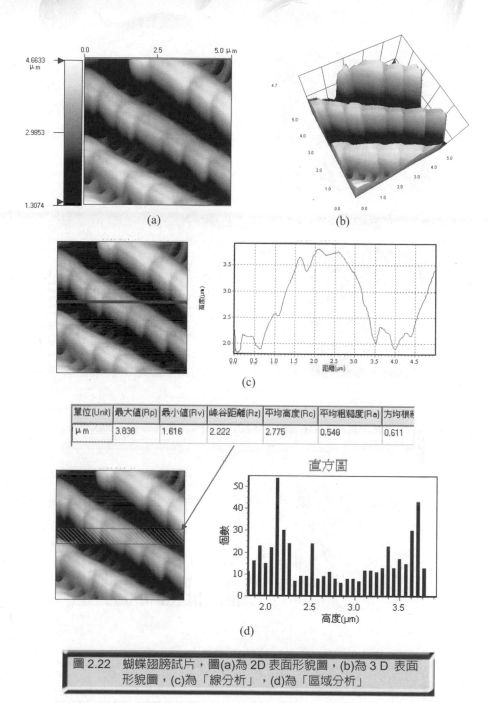

圖 2.22　蝴蝶翅膀試片，圖(a)為 2D 表面形貌圖，(b)為 3 D 表面
　　　　　形貌圖，(c)為「線分析」，(d)為「區域分析」

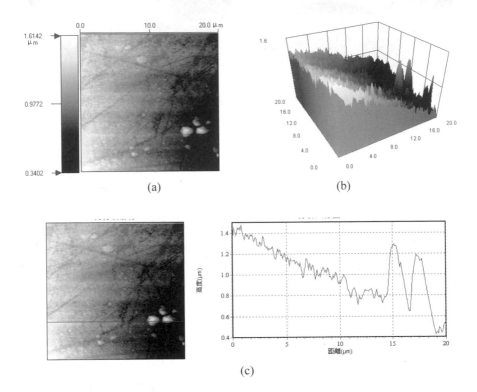

(a)

(b)

(c)

單位(Unit)	最大值(Rp)	最小值(Rv)	峰谷距離(Rz)	平均高度(Rc)	平均粗糙度(Ra)	方均根粗
μm	1.395	0.361	1.034	0.718	0.135	0.181

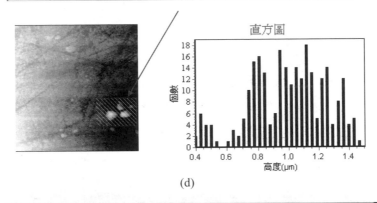

(d)

圖 2.23　蟬翅膀試片，圖(a)為 2D 表面形貌圖，(b)為 3 D 表面形貌圖，(c)為「線分析」，(d)為「區域分析」

◯ 2-4　其他掃描顯微鏡

　　掃描探針技術的物理原理，是基於探針與試片表面的接觸力、電子交換以及外部相互激勵反應，如表 2.4 所示；大部分具有原子分辨率。以下是一些其他掃描顯微鏡例子。

一、描熱顯微鏡(Scanning Thermal Microscopy，SThM)

　　利用探針懸臂上加鍍之電路，工件表面之熱梯度會驅動電路產生電流，此電流可被量測得知。此類技術可觀察生物細胞的代謝情況，研究顯微導溫路中，隨厚度的溫度變化情形，或顯微氣體流的溫度變化。

表 2.4　各種探針顯微鏡與量測之物理性質

	掃描探針顯微鏡(SPM)	物理性質偵測
STM	掃描穿隧顯微鏡	穿隧電流
AFM	原子力顯微鏡	原子力
SNOM	掃描近場光學顯微鏡	近場光波
MFM	磁力顯微鏡	磁力
EFM	靜電力顯微鏡	靜電力
SThM	掃描熱能顯微鏡	熱
LFM	橫向力顯微鏡	橫向力
SCM	掃描電容顯微鏡	電容
BEEM	彈道電子放射顯微鏡	BEEM 電流
⋮	⋮	⋮

Fiege 等[6]利用掃瞄熱顯微鏡(scanning thermal microscopy，SThM)研究藉由樣本表面溫度的變化，導致探針阻抗的改變，而可以求得樣本局部的溫度，如圖 2.24(a)所示。另一種方式是施一個較大的電流，流過探針，因探針阻抗的自我加熱，會有一股熱流從探針流入樣本，這個熱流的大小會受樣本的傳導率影響。藉由保持探針的溫度為一常數，監測加熱功率時，可以得到樣本的局部熱傳導圖像，如圖 2.24(b)所示。

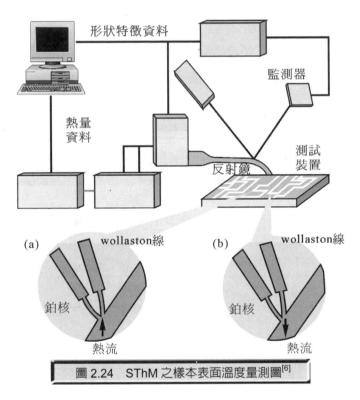

圖 2.24　SThM 之樣本表面溫度量測圖[6]

Xie 等人[7]將熱電調節器裝置在探針上，當作是一個阻抗溫度計，如圖 2.25(a)所示。當掃描過樣本時，這個熱電調節器會改變阻抗，改變的大小會在探針的 x、y 軸的位置，以顏色的深淺描繪，表示溫度的高低。感測溫度的電子電路包含一個惠斯頓電橋和一個差動放大器，如圖 2.25(b)。當探針在操作

時，補償會調整使 $R_{off} = R_{tip}$。當這狀態滿足時，$V_{off} = V_{tip}$ 且電橋在平衡狀態。但是，當 R_{tip} 發熱或過冷時，$V_{off} \neq V_{tip}$，差動放大器的輸出端產生一個電壓差，它與熱電調節器的溫度成比例。

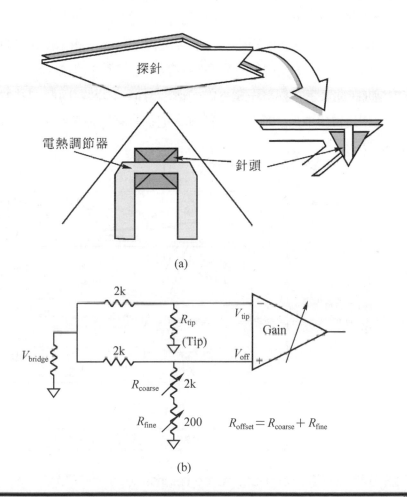

(a)

(b)

圖 2.25　(a)在 SThM 探針上裝置熱電調節器之示意圖，(b)感測溫度的電子電路圖[7]

　　Shi 等人[8]指出大部分的探針－樣本的熱傳導，是透過液體橋，而且熱影像的空間解析度，可藉由液體橋的直徑計算出來。液體橋的大小大約是探針的直徑。圖 2.26 中上圖表示溫度電壓差對樣品高度的圖示；下圖為針尖變形對樣品高度的圖示。在下圖中，由右往左走，在樣本接觸探針之前，探針和樣本之間會產生一個液體橋，將未接觸的懸臂樑快速下拉，可由 "jump to contact" 來指明。此時在上圖中，熱電壓有一個突然向下的落差顯示出來，說明液體橋的重要熱轉換。當樣本朝向探針昇高時，探針向上彎曲，但熱電壓的輸出變小，接觸力增加。此表示在探針－樣本的熱傳導方面，固體對固體的熱傳導不是最重要的因素。當樣本被降低時，液體橋會把探針下拉，直到探針 "snapped out of contact"。

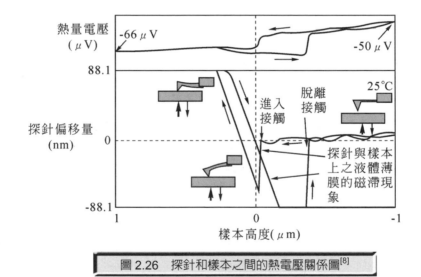

圖 2.26　探針和樣本之間的熱電壓關係圖[8]

二、磁力顯微技術(magnetic force microscopy，MFM)

　　磁性物理一直是科學家非常有興趣的一個研究項目，其中磁性材料的表面微觀特性更是重要的領域。為了研究材料表面磁特性，特別是磁區分布，許多技術被發展出來，Lorentz 穿透電子顯微術、磁光法拉第效應以及磁力顯微術

Chapter

等等。其中 MFM 由於其高解析度(約 50nm)，操作容易，而且可以適用於各
種環境，因此逐漸成為磁性材料研究中重要檢測的技術。

　　所謂磁力顯微術，是指利用磁性探針與樣品間的磁交互作用，去取得表面
磁化結構的表面檢測技術。1987 年由 Martin 及 Wickramasinghe 兩位學者首先
發明，第一個 MFM 影像亦由兩人觀測磁性記錄體而得來，不過 Martin 兩人
所得到的只有磁力影像，而無法得到材料表面結構，但經過幾年的發展，MFM
已成為成熟技術，圖 2.27 為 MFM 之作用區域。

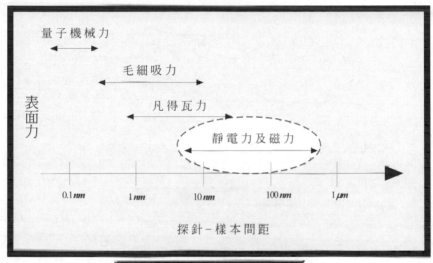

圖 2.27　MFM 之作用區域[9]

　　MFM 主要的裝置與原子力顯微鏡相同，不同的地方是所使用的是磁性探
針及掃出影像的作用力為磁力梯度變化。MFM 基本原理是，利用磁性探針和
磁性樣品表面間的磁作用力，來感應磁力梯度的變化，樣品表面產生的游離磁
場會作用在磁性探針上；利用偏移感測器偵測探針偏移，因此能測出作用力或
作用力強度梯度的變化。MFM 採取兩段式掃描，如圖 2.28 所示。第一次掃描
時以輕拍模式 AFM 之振幅來量測表面高低。在提高針頭後再作第二次掃描，
探針振幅受現有磁場變化而改變，可為雷射光偵測器得知，如圖 2.29 所示。

比較兩次訊號差異，可用來判斷表面磁場分布影像，但無法得知磁場大小。由於工件的磁場大小不一，不能使用具強磁性之探針去掃描軟磁性之工件，否則工件磁場會被強磁性之探針所干擾，造成一堆雜亂訊號。相反的，若要將磁場寫入工件，則必須使用強磁性之探針。MFM 可用來研究磁性數據儲存件(磁場尺寸範圍是奈米級)以及分析表面磁力分布狀況。

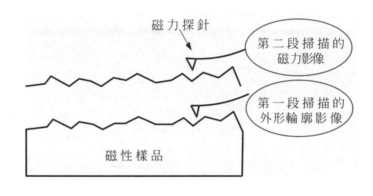

磁力探針

第二段掃描的磁力影像

第一段掃描的外形輪廓影像

磁性樣品

圖 2.28　兩段式掃描示意圖

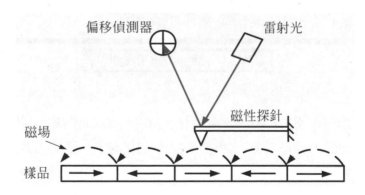

偏移偵測器　　　　　雷射光

磁性探針

磁場

樣品

圖 2.29　雷射光偵測器得知因磁場變化而改變的振幅

　　MFM 的量測上有兩種理論模式，一種是直流模式，其掃描方式，類似於非接觸式原子力顯微鏡，差異點僅在於探針與樣本之間作用力的不同。所應用的理論，是由 Zeeman 能量法獲得，亦即磁力是磁矩(m)乘以磁場的空間梯度(ΔH)，磁力的大小可由懸桿的偏移量乘以懸桿的彈性係數而得知，如式 $F_z = (m \times \nabla)H \cong m \times H_z$。另一種則是交流模式，其掃描方式是，利用輕敲式原子力顯微術的成像原理，並利用掃頻機制，對探針震盪器輸入最佳的電壓訊號，使探針可以達到最大振幅，以獲得較高解析度。藉由測量懸臂振幅或頻率的改變量，可得知樣品表面磁力梯度(F_z)大小，藉得到樣品表面磁場(H)分布，其關係式為 $F_z = \bar{n} \cdot \nabla(\bar{n} \cdot F) \cong m_z \dfrac{\partial^2 H_z}{\partial z^2}$，其中 m_z 為探針尖端的磁偶極強度，$\bar{n}$ 為正交於懸桿平面的單位向量。

　　另外在磁力探針部分，必須使用敲擊式探針，且於探針表面鍍上一層磁性薄膜。一般敲擊試探針的彈性係數範圍為 2.8～50N/m，共振頻率為 75～350 KHz。主要的考量點為，探針是用於磁力顯微鏡(彈性係數大約為 2.8N/m)，而非奈米加工(彈性係數大約為大於 40N/m)，且因為敲擊式懸桿的彈性係數比接觸式懸桿大得多，具有可以克服在空氣中量測時，探針與樣本間毛細現象的吸附力。圖 2.30 為矽製探針，圖 2.31 為氮化矽製探針。

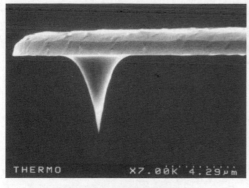

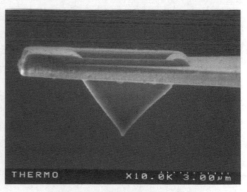

圖 2.30　矽製探針　　　　　　　　圖 2.31　氮化矽製探針

三、靜電力顯微技術(electric force microscopy，EFM)或掃描電容顯微技術(scanning capacitance microscopy，SCM)

一般應用在量測電荷、表面電位與材料介電常數的方法，都統稱靜電力顯微術或電力顯微術，其量測的基本原理如下描述，當探針在距離樣本上方 Δz 距離掃描時，若施予一電位於探針與樣本間，則可將探針與樣本間視為一蓄電器或電容器，若探針與樣本間的電容值為 C 且電位差為 U 時，儲存在此蓄電器的電能(E)，而樣本吸引探針的電力(F)為，若 V_{surf} 為樣本表面於(x, y)位置的表面電位(surface potential)，取決於費米能階(Fermi energy)的高低，則 V_{dc} 與 $V_{ac} \sin \omega t$ 為施加於探針的直流電壓和交流電壓的訊號，則整合電位差 V，帶入電力的計算公式中，可得到探針與樣本之間於 Z 軸上的動電作用力 F_z：

$$F_z = \left[\frac{1}{2} \left((V_{dc} - V_{\text{surf}})^2 + \frac{1}{2} V_{ac}{}^2 \right) + (V_{dc} - V_{\text{surf}}) \right.$$

$$\left. V_{ac} \sin(\omega t) - \frac{1}{4} V_{ac}{}^2 \cos(2\omega t) \right] \frac{\partial C}{\partial Z}$$

若依輸入的電壓頻率，可將電力公式分成三個部分：

a. 直流部分　$F_{dc}' = \frac{1}{2} C_Z \left[(V_{dc} - V_{\text{surf}})^2 + \frac{1}{2} V_{ac}{}^2 \right]$

b. 交流訊號基頻部分　$F_\omega' = C_z (V_{dc} - V_{\text{surf}}) \, V_{ac} \sin(\omega t)$

c. 交流訊號兩倍頻部分　$F_{2\omega}' = -C_z V_{ac}{}^2 \cos(2\omega t)$

根據上述各部分，即可發展相對應之電性量測。

　　SCM 用來確定半導體和絕緣體中摻雜材料和摻雜量的分布狀況，其定位分辨率約為 200 nm，最小可探測的數量為 3 個電子。SCM 所能感測到的微小電容變化量，可達 attofarads(即 10^{-18} 法拉第)，這使 SCM 在半導體材料的研究上，具有很大的應用潛力。

四、掃描場電子顯微技術(RFEM)以及掃描場離子顯微技術(RFIM)

　　將探頭定位於目標上方 10nm 處，如應用電磁潛在力量，就有可能產生低能場電子和離子。這些電子和離子可以用於顯微技術目的，或可用於電子全相攝影，或離子掃描印刷技術。

五、自旋極化旋轉掃描顯微技術

　　此技術用來探測受旋轉電子自旋過程中，所產生的旋轉電流影響的原子特性。

六、掃描式電化學探針顯微鏡(electro chemical afm，ECAFM)

　　在接觸模式操作下，除可在液體下操作外，另外可加電極，達到電化學反應。觀察電化學反應及其動態變化，為反應動力學之利器。

七、表面電阻散佈原子力顯微鏡(scanning spreading resistance microscope，SSRM)

　　使用可導電之原子力顯微鏡超硬探針，可同時量測表面高度及電流訊號(10pA～100μA)分布，超硬探針必須能穿破表面自然生成之氧化物，與待測之金屬或載子導電層，有良好歐姆接觸，可量測極小區域的電導度及電阻率，以及判斷載子分布區域。其原理及操作模式和掃描式電流顯微鏡相似，但是可偵測到的電流範圍相當大 10pA～0.1mA，所以可以同時量測中、低阻值的試片，另外其量測到的值可以直接以電阻的訊號表示。利用以上的特性，此模組也可以量測載子分布，並且有機會定量載子的濃度，可說是非常具有研究的潛力。

八、激光檢測原子力顯微鏡

在力學結構上，可將探針視為懸臂樑；激光檢測 AFM，是利用激光束的偏轉來檢測懸臂樑的運動。因為激光束能量高，且具有單色性，因此能夠提高儀器的可靠性與穩定度，避免因隧道污染所產生的噪音。同時還能提高原子間作用力檢測的靈敏度，大大減小懸臂樑對樣品的影響，擴大儀器的適用範圍，使其更加適合於有機分子的研究。另外激光檢測 AFM 經過適當改進後，可用來檢測樣品表面的磁力、靜電力等。

九、低溫掃描式穿隧顯微鏡

針對某些物理特性，只有在低溫下，如在液態氮、液態氦溫區，才能表現出來，像是目前獲得極大關注的高 Tc 超導材料，其超導特性一般要在液態氮溫區才會表現出來，欲觀察其超導特性的物理特性，則必須使 STM 能於低溫下工作。

十、真空掃描式穿顯微鏡

STM 技術獲得的信息來自於表面單層原子，因該技術對表面清潔度非常敏感。有些樣品易被雜質吸附，有些則變成氧化態，因此必須建立一套加工方法，使能夠獲得清潔而真實的樣品表面；並且在實驗過程中能保持樣品在這種狀態，此通常在超高真空環境下進行 STM 的工作，這種 STM 簡稱真空 STM。再者，有時要求能夠對樣品進行加熱退火、解離等多種處理，並使 STM 方法能與其他表面分析方法連用，這只有真空 STM 能提供此能力。

十一、沖擊電子發射顯微技術(BEEM)

半導體材料的發現和使用，需要對其表面和界面性質全面性了解，常規的表面分析技術，不能用來研究表面下界面的結構和電子性質。為此，BEEM 技術是直接對表面下界面電子性質進行譜學研究，並且是高分辨率成像的實驗技術。

在許多的文獻中，已經證明這些通用性，能表現在原子級分辨能力的攝影上，不但可以在液體媒質進行，如液態氮、水和電解質，並且也可以對油性和脂質的溶液進行拍照。這項研究成果不但對電化學，而且也對生物研究開闢了新的前景。在開發 STM 的探針掃描技術方面，應注意下列幾個問題：

1. 提高探針的使用率。
2. 要開發能分辨多元體系原子種類的成像技術。
3. 分析和改進生物組織以及分子構築技術。
4. 開發 STM 系統在晶片上的應用。
5. STM 在精密加工生產中，現場監測的應用。

發展新的掃描傳感技術，重點在於對應力、溫度分布、電現象和磁場探測靈敏度高的掃描傳感技術，並且應用於機器人學、醫藥學、生物技術、地震儀、環境研究、材料研究等領域，把顯微世界與奈米世界結合起來，將近場與遠場技術結合起來。

● 2-5 顯微鏡於工程量測與加工之應用

2-5-1 奈米表面工程上的應用

對表面粗糙度和波形測量，可以採用兩種工具，即機械法和干涉法。在這些方面，有許多技術測量粗糙度已經可以達到 0.01nm，常用的方法有：

一、電子筆(畫針)測量表面粗糙度技術。

二、激光量測技術中干涉量測技術。包括了以下幾種設備

1. Nomarski 式差干涉襯度顯微技術(DIC)。
2. 光學外差表面粗糙度測量儀(OHP)。
3. 相位干涉測量儀(PI)。
4. 光柵干涉測量儀。

三、其他表面分析技術：

　　包括薄膜偏振光橢圓率測量儀，直接成像技術和散射測量技術，紅外線質譜儀，表面傳感拉曼質譜儀(SERS)，非彈性原子和中子散射測量儀(IAS)，核磁共振儀(NMR)，電子自旋共振儀(ESR)，I/V 特性曲線和能量測量法，VPS、XPS 質譜儀測量法等。

　　由上述各種量測設備，將以奈米測量技術為基礎，奈米測量儀器將進入世界的市場，促進世界奈米科技的發展。

　　圖 2.32(a)為 1996 年，Masaharu Komiyama 等[10]利用一個由銅材質所構成尖端之原子力顯微鏡，掃描銅樣本時，探針的變形情形；而其成像影像則如圖 2.32(b)所示。

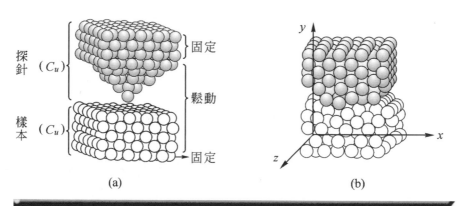

(a)　　　　　　　　　　　　　　　(b)

圖 2.32　原子力顯微鏡掃描樣本時探針的變形情形：(a)為掃描前探針與樣本的示意圖；(b)為進行掃描中，探針與樣本的示意圖[10]

　　圖 2.33 是由國科會精密儀器發展中心，奈米表面檢測實驗室[11]，利用現有多用途的 AFM/LFM 商品—NanoScope III AFM system 分別觀測鑽石薄膜所得到的影像：

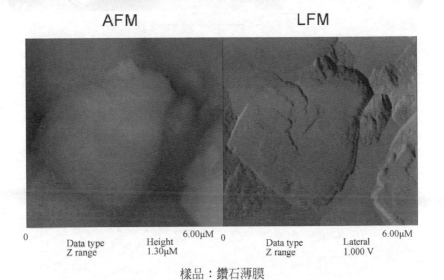

樣品：鑽石薄膜

圖 2.33　由 NanoScope III AFM system 分別觀測鑽石薄膜所得到的影像[11]

　　原子力顯微鏡不僅可觀察原子表面之影像，亦可利用探針針尖，外加偏壓，形成探針尖端極大電場之電化學反應，來改變樣品表面之狀態，此即所謂奈米結構之製造。由於探針與樣品間之距離僅數 Å，外加偏壓將在探針與樣品間產生一極大電場，使含氧之陰離子(如 $O^=$ 與 OH^-)受到推力而擴散至樣品中，因氧化反應而產生氧化物。如圖 2.34 所示，考慮 AFM 顯影術於矽材料之應用，AFM 探針尖端與樣品的電化學反應，使樣品表面產生矽的氧化物(SiO_2)。由於 SiO_2 與 Si 在蝕刻溶劑 KOH 中之蝕刻速率(etching rate)相差甚遠，即 Si 之蝕刻速率較 SiO_2 之蝕刻速率快，故利用此特性，可產生不等向性蝕刻(anisotropic etching)與選擇性蝕刻(selective etching)的效果。在 S_i 樣品的表面上之部分 SiO_2 於蝕刻溶劑中，可以 "保護" 底下之 Si 不受蝕刻之影響，即可達到圖像轉移(pattern transfer)的目的。由於蝕刻之深度可以很大，故所製作之結構不侷限於 2-D 而可延伸至 3-D，稱為奈米結構加工(nano-machining)。

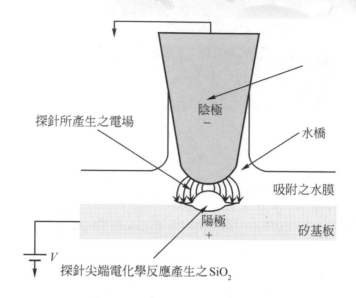

探針所產生之電場

陰極
—

水橋

吸附之水膜

陽極
+

矽基板

V

探針尖端電化學反應產生之 SiO_2

図 2.34　利用 AFM 進行奈米結構之製造圖[3]

2-5-2　奈米刻版術以及奈米操控術

　　奈米級的加工術是目前奈米研究熱門的題目之一，而使用 SPM 進行奈米加工的方法，依照 SPM 硬體的設計可以分成：奈米刻版術(Nanolithography)以及奈米操控術(Nanomanipulator)。

　　多年來，微影刻版技術是應用力量及電流方式，已可在材料表面刻出或長出不同圖案。研究上目前針對

1.　如何劃出 100 nm 級圖案，10 nm 級線寬之奈米電路。

2.　圖案穩定性及操控性工程議題。

　　在設備上，掃描式探針顯微鏡所使用的掃描器是一種壓電陶瓷管。凡是壓電陶瓷皆有兩種特性：磁滯以及潛變現象，所以造成探針精準定位上的困難，目前使用封閉式迴路控制掃瞄器(close loop scanner)能解決。無封閉式迴路控

制掃瞄器時，因線性度不佳常發生周圍影像扭曲、放大或縮小，移動時掃瞄器會漂移而造成整體影像扭曲。

奈米刻版術，就是利用 SPM 的探針對樣品表面，進行奈米級尺寸雕刻或製造一些圖形(patterning)，然後再以 SPM 將剛刻好的圖形掃描出來，這種技術可證明利用 SPM 可以製造出一些奈米的圖形，並掃描該圖形出來。但因要刻出極小的圖形，系統的穩定性、噪訊比及閉迴路掃描器的設計將是關鍵。

奈米操控術指的是，針對奈米尺寸大小的物件進行推移，或是規範其運動方式，甚至控制其運動姿態的技術。進行奈米操縱術，一定要克服壓電陶瓷管會產生的潛變(creep)，遲滯(hysteresis)，以及熱飄移(thermal drift)等現象。從巨觀的角度來看，操控指的是以巨觀的探針移動，甚至排列原子的技術，主要以原子力顯微鏡(AFM)或掃描式探針顯微鏡(SPM)來移動原子的技術。從微觀粒子運動的角度來看，便是控制材料的化學合成的變化，以達成奈米製造的目標。奈米操控最基本的要求就是，要能夠在原子的層級做移動的動作，甚至希望能控制原子排列的方向。這動作的要求，基本上是一個原子控制儀器的設計，這個技術可提供超微細電子科技、生物醫藥科技、基因研究等科技發展所需要的工具。

奈米級微探針為許多奈米級量測、儲存及製造設備之最關鍵組成元件。基本上，微探針本身含有三個次結構：針頭，針體及支撐臂。微探針之針頭的曲率半徑約為數十個奈米，探針針體的長度及厚度約為數個微米，而控制探針之支撐臂的尺寸則在毫米(或厘米)級的大小。這三個不同尺寸的次結構，通常是用半導體製程的方式，一體成形製造出來的。

掃描式探針顯微鏡是奈米工程的發展工具，目前幾乎所有 top-down 的奈米技術研究，都是以探針移動原子達到刻痕、排列、或是控制蝕刻等動作。為達成此精密的排列或是蝕刻，探針的動作必須有精密的控制。掃描式探針顯微鏡經常在非常嚴苛的環境下操作，其基礎的震動限制了掃描式顯微鏡所能達成的解析度。為了提高掃描式顯微鏡的解析度，可以壓電致動器主動減震控制的

方法。同時由於目前的掃描探針顯微鏡都是，掃描與針體動作分離的操作，因此可基於適當的奈米操作環境下，由探針所感受到的力場來設計控制系統，藉以提供適當的探針驅動方式。

多探針同時操作，將是未來奈米製造必須採用的方法，如何在多探針互相干擾的情形下，仍能達成所需要的精密度，亦為相當重要的問題。利用多支探針懸臂，在其上面置入(或鍍上)待量測物質，因化學或熱反應等作用，待量測物質會發生質量變化，熱漲冷縮等作用而使探針懸臂偏折，系統可量測此等 Pico 級力量的動態變化，進而瞭解雙材料熱應力變化，反應質量天平量測，熱交換作用等快速、多量、超微量、動態反應。

2-5-3 以 STM 及 AFM 作奈米操控

1990 年，美國 IBM 公司 Almaden 研究中心 Eigler 研究小組，在超高真空和液態氦溫度(4.2°K)條件下，使用 STM 成功地移動了吸附在 Ni(110)表面上的惰性氣體氙(Xe)原子，並用 35 個氙原子排列成 IBM 三個字樣，如圖 2.35 所示。此一研究立刻引起了世界上科學家們的極大興趣，並開創了用 STM 進行單原子操縱的先例。在氙原子移動操縱過程中，只需將 STM 探針往下移，並盡量地接近表面上的氙原子，氙原子與針尖頂部原子之間，形成的凡得瓦力和由于「電子雲」重疊產生化學鍵，使得氙原子吸附在針尖上，並隨針尖一起移動。

圖 2.35　氙單原子的移動 IBM 字[12]

　　1993 年，Eigler 等進一步將吸附在 Cu(111)表面上 48 個鐵(Fe)原子逐個移動並排列成一圓形量子圍籬(quantum corral)，如圖 2.36 所示。這個圓形量子圍籬內，形成了電子雲密度分布的駐波形態，這是人類首次用原子組成具有特定功能的人工結構，它的科學意義是十分重大的。同時，他們還在 Cu(111)表面上成功地用 101 個 Fe 原子寫下「原子」二個字，迄今為止是最小的漢字，如圖 2.37 所示。此結果也成為雜誌及國際研討的封面圖案。

　　STM 的針尖不僅可以成像，還可以用於操縱表面上的原子或分子。最簡單的方法是將針尖下移，使針尖頂部的原子和表面上的原子的「電子雲」重疊，有的電子為雙方共享，就會產生一種與化學鍵相似的力。在一些場合下，這種力足以操縱試片表面上的原子。但是，為了更為有效地操縱表面上的原子，可在針尖和表面之間加上一定的能量，通常如電場蒸發、電流激勵、光子激勵等能量方式。

圖 2.36　量子圍籬(quantum corral)[12]

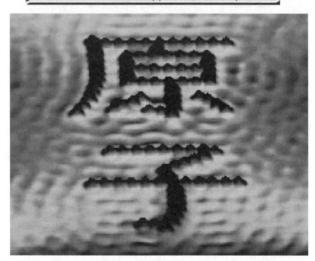

圖 2.37　101 個 Fe 單原子的移動形成 "原子" 漢字[12]

　　利用 STM 進行原子表面修飾和單原子操縱，具有十分廣泛的應用前景。它已經在製作單分子、單原子和單電子器件，大幅度提高資訊儲存量，生命科學中的物種再造，以及材料科學中的新原子結構材料的創製等領域，都有很深刻的應用背景。單原子操縱主要包括三個部分，即單原子的移動、提取和放置，這些技術也是今後應用單原子操縱，在表面上進行原子尺度的結構甚至器件加

工所必須的。原子操縱術最主要的應用是，奈米級或原子級結構的製造，在這方面一個直接的用途是，記憶體的製造與讀取，前述 IBM 科學家展示搬移氙原子的能力，就可視爲原子級記憶體的製造與讀取，每個有原子的位置相當於零。這樣的記憶體密度是前所未有的，遠遠超過現今半導體及磁碟的記憶密度；而且 STM 可輕易取得這些原子影像，相當於原子級位元資料的讀取，此讀取密度也是其他技術所無法比擬的。

2-5-4　奈米鑷子

奈米科技發展的一個關鍵，就是要發展新的工具可以來操控或測量奈米尺度的例子。掃描探針顯微鏡(scanning probe microscope，SPM)包括 STM 或 AFM 均用於這個用途，並可以操控到一個原子。但是 SPM 中單一探針的設計，限制這些工具操控物體及測量物理特性的能力，例如單一探針無法抓住物體；沒有另一接點，無法量測物體的電性。而使用鑷子的兩個探針，就可以克服 SPM 的侷限，而開創出新的奈米粒子製程及測試的可行性。

奈米碳管是做爲奈米尺度機電元件之理想材料，它既導電，機械強度又大，因此可以用來作鑷子的兩個夾腳。第一個用奈米碳管來做鑷子的是，加州柏克萊大學的 Kim 及 Lieder[13]，他們所做的鑷子如圖 2.38 所示。在一錐狀玻璃微管的外側蒸鍍兩金屬電極，如圖 2.38(A)所示，錐狀微管尖端直徑約 100 nm。然後奈米碳管在光學顯微鏡下，一根黏上一個電極，上面施加一些黏著劑。圖 2.38(C)顯示的是一個做好的鑷子。

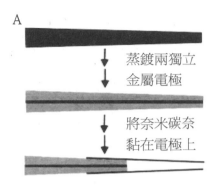

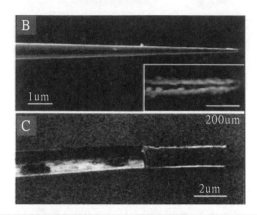

圖 2.38 加州柏克萊大學的 Kim 及 Lieder 用奈米碳管來做的鑷子：(A)為蒸鍍兩獨立金屬電極，並將奈米碳管黏附上此兩電極；(B)兩電極被中間之玻璃結構物所分離，玻璃結構物最初直徑為 1mm，後來演變為 100nm；(C)顯示一個完成的奈米鑷子[13]

　　這些奈米管鑷子的機電反應，可在兩電極上加上電壓來瞭解，圖 2.39 中是從 0 加到 8.5V 鑷子的反應。當電壓加到 8.3V，鑷子兩臂開始互相靠近。當電壓降為 0V，則又恢復原狀。加到 8.3V 時，鑷子兩臂端點之距離已經縮小為原來的 50%。當所加電壓再增加到 8.5V 時，鑷子兩臂突然關閉接觸在一起。此時把電壓除去，鑷子兩臂由於有凡得瓦爾力吸引之故，仍然不分開。但當兩臂加以同樣極性的電壓，並有一接地之極，則兩臂可以打開。

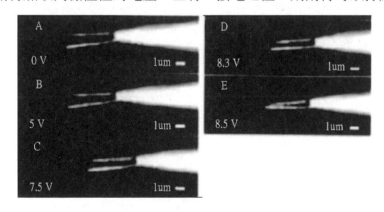

圖 2.39 分別施與電壓 0，5，7.5，8.3，8.5V 於奈米碳管鑷子的機電反應[13]

　　這個奈米鑷子的確可以夾或操控微小的粒子，如圖 2.40 之 A，B，C，D 四圖所示。A 是鑷子逐漸接近 polystyrene 微粒；B 是將鑷子雙臂與較小微粒對齊；C 是加上電壓於兩臂夾住小微粒，再由 D 把小微粒移開。

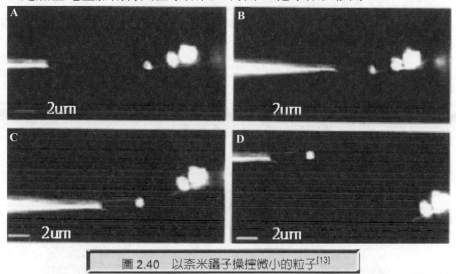

圖 2.40　以奈米鑷子操控微小的粒子[13]

　　日本的一個研究團隊 Akita 等人[14]則在 AFM 之針尖黏上兩根奈米碳管來做鑷子，如圖 2.41 所示。在 Si 懸桁及針尖上鍍三條鋁電極，再用 RIE 將三電極切開，其中一電極為一條鋁線，另一電極為兩條鋁線。然後在特殊設計的場發射 SEM 機器內，內部裝有一個可三方向移動之定位操作台，將奈米碳管黏上 AFM 針尖；黏好的鑷子如圖 2.41 所示。當所加電壓＞4.5V，則兩臂突然合攏。兩根碳管在黏接針尖處要用電子束照射，則有些 SEM 真空室內的碳物質會沉積在照射處，相當把奈米碳管再覆蓋一層碳固定到針尖上。兩臂合攏之電壓會隨奈米碳管之直徑增加而增加。奈米碳管直徑為 10nm，合攏之電壓只要 2.8V；直徑為 13.3nm，則為 4.5V；直徑為 15nm，則為 5.6V。

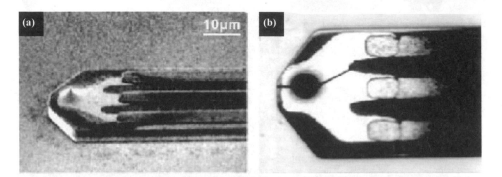

圖 2.41 日本的研究團隊 Akita 等人所做的鑷子：(a)在 Si 懸臂樑及針尖上鍍三條鋁電極；
(b)用 RIE 將三電極切開，其中一電極為一條鋁線，另一電極為兩條鋁線[14]

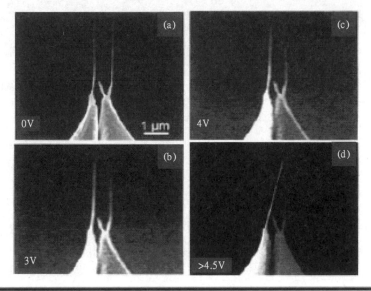

圖 2.42 分別施與不同電壓於黏在 AFM 針尖上的奈米碳管鑷子[14]

　　奈米鑷子提供一套操控工具，可以夾起奈米粒子，移動，再鬆開，更重要的是它可以用來量單顆奈米粒子的電性。這在過去是靠運氣，將奈米粒子撒在早已做好電極之基板上，希望其中一粒正好落在電極的空隙中，並不是很可靠的方法。

　　丹麥技術大學於 2001 年，提出一個很有趣的製作奈米鑷子的方法[15]，他們把致動器，包括三個電極及兩根長臂先用半導體 MEMS 技術做好，如圖 2.43 所示。再整個放入場發射 SEM 中，利用電子束照射長臂之尖端，發現會有碳的累積物，沿著電子束掃描方向不斷生長，如圖 2.44 所示，形成 50～200 nm 直徑之探針，由於定位台的方向可以由外部掌控，因此探針的形狀及方向均變成可以調控，是一非常重要的技術。圖 2.45 為垂直成長的奈米鑷子。圖 2.46 為側向成長、溢散成長的奈米鑷子。

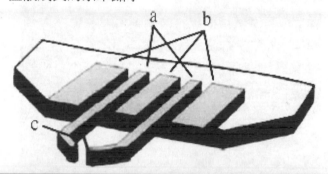

圖 2.43　五個致動器之示意圖：利用電壓輸入於三個電極 b；保持兩根長臂 a 擁有相同的能量，使得兩根長臂向內偏轉同樣於向外偏轉；c 為奈米尖端[15]

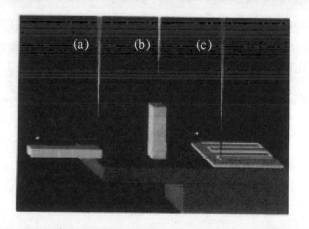

圖 2.44　碳的累積物沿著電子束掃描方向生長：(a)側向成長，(b)垂直成長，(c)溢散成長[15]

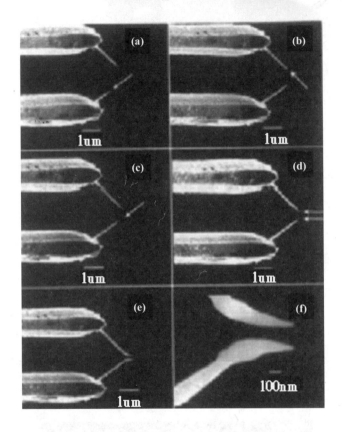

圖 2.45　垂直成長的奈米鑷子。箭頭方向為長臂的方向：(a)~(c)為逐步增加尖端成分，直到兩鑷子間距大約為 200nm；(d)為第二次增加尖端成分，直到兩鑷子間距大約為 100 nm；(e)及(f)為不同放大倍率下所完成之奈米鑷子[15]

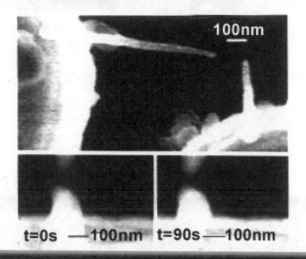

圖 2.46　上圖為側向成長的奈米鑷子，其直徑小於 50nm，兩鑷子間距為 130nm；下圖為溢散成長的奈米鑷子，兩鑷子間距由左邊的 90nm 減少至右邊的 45nm，期間歷時 80 秒[15]

○ 2-6　原子顯微術於生物與醫學上的應用

　　DNA 是一種具有遺傳訊息的分子，在對 DNA 進行一些(A)轉錄作用 (transcription)，亦即製造互補於 DNA 序列的 RNA 過程！(B)複製(replication)，亦即利用雙股 DNA 其中一股作為模板，製造出新股以複製 DNA 的過程；與 (C)調節(regulation)前述之轉錄與複製程序等動作時，在細胞構造中，會出現許多連續的操作與拉牽作用。而在細胞分裂的最後程序中，更是有著很大的拉伸力發生，若我們能對這些物理作用充分瞭解，甚至於 "量化" 這些物理動作，便能增強對 DNA 加工等生物技術的研究。

　　隨著奈米與生科技術的興起，使得原子力顯微鏡的延伸應用不斷的發展，最熱門的莫過於使用原子力顯微鏡，從事 DNA 等生技方面的研究，像是 DNA 的操作(manipulation)，包括切割、拉伸與扭轉等量測，以及細胞分子附著力的

量測等。另外還有，像是將生物分子固定於探針與試片之間的接合技術、固定分子的夾持技術。

　　圖 2.47 為 Florin 等[16]使用原子力顯微鏡，進行量測兩股 DNA 間之相互作用力的實驗裝置圖。

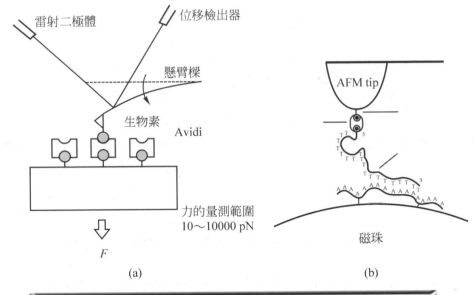

圖 2.47　利用原子力顯微鏡量測兩股 DNA 間之作用力的實驗圖[16]

　　圖 2.47(a)表示整體實驗架構圖，包括了量測懸臂樑偏移量的一組由雷射二極體與位移檢出器的光學架構，以及壓電材料所組成的壓電移動台；而圖 2.47(b)則是利用 Avidin 與生物素 Biotin，將 DNA 分子固定於探針與磁珠(bead)之間的技術。藉著施一力於壓電移動台，使平台移動，生物分子因平台移動而受力，懸臂樑感受此力而產生偏移量；由光學檢出器測得懸臂樑的偏移量，來反推得懸臂樑所受到的力量值，亦即生物分子作用在懸臂樑上的力量值，由此可得兩股 DNA 間相互作用力量值。

在 2000 年 Guthold 等[17]，使用商品化的 NanoManipulator system，如圖 2.48 所示，從事各種分子生物特性的實驗，包括量測纖維分子切斷力、彎曲與旋轉之變形量以及推移分子所需力量等。

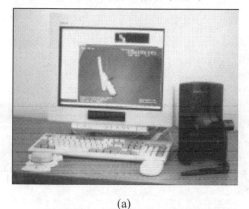
(a)

(b)

圖 2.48　NanoManipulator system 之全套配備圖：(a)為此商品之全套配備圖，而(b)則為正在進行實驗的操作圖[17]

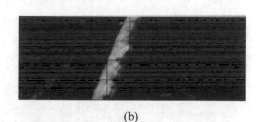
(b)

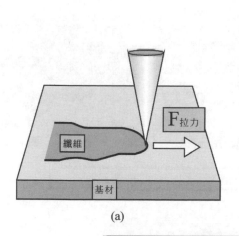
(a)

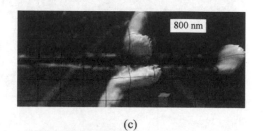
(c)

圖 2.49　纖維分子切斷力的量測實驗[17]

　　圖 2.49 則爲纖維分子切斷力的量測實驗。圖 2.49(a)爲 AFM 尖端切割分子的示意圖，而圖 2.49(b)則是藉由 NanoManipulator system 產品，所配備的虛擬影像技術，而呈現出來的切割前纖維分子影像，圖 2.49(c)則是 AFM 尖端切劃過分子所呈現的影像(此處所切割之纖維分子的直徑爲 800 nm)。

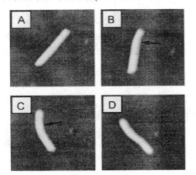

圖 2.50　利用 AFM 尖端，對病毒分子進行彎曲與旋轉動作之實驗圖[18]

　　圖 2.50 爲使用 AFM 尖端，對病毒分子進行彎曲與旋轉動作之實驗。(A)到(D)則爲探針對分子進行逆時針旋轉的實驗，黑色箭頭則爲施力方向。(A)爲起始狀態，(D)爲旋轉動作結束後的影像，(E)則是由(C)放大來看其背脊的彎曲情形(該分子長度爲 232 nm，直徑爲 18 nm)。

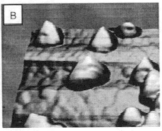
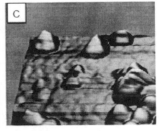

圖 2.51　使用 AFM 之尖端量測病毒分子間附著力的實驗圖[18]

　　圖 2.51 為使用 AFM 尖端[18]，對病毒分子進行推移作用，同時量測分子間附著力的實驗。圖 2.51(A)表示未受推力前之病毒分子，虛擬影像回傳之畫面；(B)則為第一次進行推動之後的影像回傳畫面；(C)則表示病毒分子被探針移除後之影像回傳畫面，可發現有一些病毒分子殘留在原始位置。

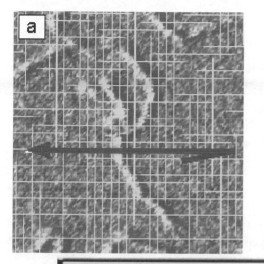
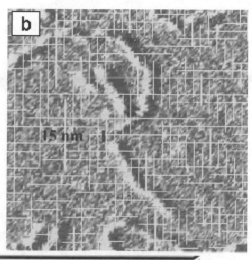

圖 2.52　以 AFM 之尖端，進行 DNA 切斷的力量量測實驗之影像圖[18]

　　圖 2.52 為以 AFM 之尖端[18]，進行 DNA 切斷的力量量測實驗之影像圖。圖 2.52(a)中的箭頭方向表示探針的移動方向(由右向左切割)，而圖 2.52(b)則表示切割過後，所留下的一個 15 nm 的空隙(DNA 分子長度為 372 nm)。

參考文獻

[1]　黃英碩及張嘉升，“掃瞄探針顯微術”。

　　　http://gate.sinica.edu.tw/～ip/Technology

[2]　工業技術研究院奈米科技研究中心，“掃描探針顯微術(SPM)”。

　　　http://www.ntrc.itri.org.tw/relation/dictionary/

[3] 劉有台，91 年，"掃描探針顯微鏡之發展"，技術專文，半導體科技
先進封裝與測試 http://www.apa.com.tw/atcl/

[4] 馮榮豐主編，91 年 3 月，"奈微米工程-精密製程與量測技術"，滄海
書局。

[5] Scherer, V., Bhushan, B., Rabe, U. and Arnold, W., 1997, "Local Elasticity
and Lubrication Measurements using Atomic Force and Friction Force
Microscopy at Ultrasonic Frequencies", IEEE Transactions on Magnetics,
33, (5).

[6] Fiege, G. B. M., Feige, V., Phang, J. C. H., Maywald, M., Gorlich, S. and
Balk, L. J., 1998, "Failure Analysis of Integrated Devices by Scanning
Thermal Microscopy (SThM)", Microelectronics Reliability, **38**, pp.
957-961.

[7] Xie, Z., Han, L., Wei, F., Wang, X., Gu, Y. and Chen, H., 2000, "An
Application of Scanning Thermal Microscopy: Mapping Near Field
Light-Emission of a QW Laser Diode in Operation", Material Science and
Engineering, A292, pp. 179-182.

[8] Shi, L., Kwon, O., Miner, A. C. and Majumdar, A., 2001, "Design and
Batch Fabrication of Probes for Sub-100 nm Scanning Thermal
Microscopy," Journal of Microelectromechanical System, **10**, (3).

[9] porthun, S., Abelmann, L. and Lodder, C., 1998, "Magnetic force
microscopy of thin film media for high density magnetic recording",
Journal of Magnetism and Magnetic Materials, **182**, pp. 238-273.

[10] Komiyama, M., Tsujimichi, K., Tazawa, K., Hirotani, A., Yamano, H.,
Kubo, M., Broclawik, E. and Miyamoto, A., 1996, "Simulation of AFM
& LFM by Molecular Dynamics-Role of Lateral Force in Contact-Mode
AFM Imaging", Surface Science, pp. 222-227.

[11] 國 科 會 精 密 儀 器 發 展 中 心 奈 米 表 面 檢 測 實 驗 室 ，
http://www.mse.nthu.edu.tw/~hnlin/

[12] Eigler, D., htpp://www.almaden.ibm.com/vis/stm, IBM Watson Research Center, Torktown.

[13] Kim, P. and Lieber, C. M., 1999, Science, 286, 2148

[14] Akita, S., et al., 2001, Appl. Phys. Lett., 79, 1691

[15] Boggild, P., et al., 2001, Proceeding of IEEE-NANO 2001,Hawaii, pp. 87

[16] Florin, E. L., Rief, M., Lehmann, H., M. Ludwig, C. Dornmair, V. T. Moy and H. E. Gaub, 1995, "Sensing Specific Molecular Interactions with the Atomic Force Microscope", Biosensors and Bioelectronics, **10**, pp. 895-901.

[17] Guthold, M., Matthews, G., Negishi, A., Taylor II, R. M., Erie, D., Brooks Jr., F. P. and Superfine, R., 1999, "Quantitative Manipulation of DNA and Viruses with the NanoManipulator Scanning Force Microscope", Surface and Interface Analysis, **27**, pp. 437-443.

[18] Guthold, M., Falvo, M., Matthews, W. G., Paulson, S., Mullin, J., Lord, S., Erie, D., Washburn, S., Superfine, R., Brooks Jr., F. P. and Taylor II, R. M., 1999, "Investigation and Modification of Molecular Structures with the NanoManipulator", Journal of Molecular Graphics and Modeling, **17**, pp.187-197.

Nanotechnology

第 **3** 章

奈米定位、量測與製造

◎ 3-1　前　言

　　奈米，這個只有十億分之一米大小的單元，實現了元件微小化的理想，而奈米科技，不僅是目前電子與資訊產業技術急於突破的關鍵技術，甚至對材料、光電、生物、醫療也將帶來前所未有的技術革命。奈米工程技術，是二十一世紀產業革命動力，其匯集力學、電學、光學、材料、化工、製造、量測、生醫工程、微機電技術等結合起來，使製程或產品尺寸控制在 100nm 到 0.1nm 範圍的綜合技術。各國投入相關研發，涵蓋量測、電子、機械、材料、化工等技術，國內半導體廠商目前也已將 IC 推到奈米領域，盼藉由奈米技術，將半導體產業由代工升級到領先地位。

　　近幾年來，積體電路(Integrated Circuits, Ics)的精度需求越來越高，尤其在 VLSIs(Very Large-Scale Ics)，及 ULSIs(Ultra-Large-Scale Ics)上。為了獲得極高的精密度，製造過程中必須利用遮罩技術，將電路圖形在晶片上多次重複曝光。在重複曝光過程中，對準精度的要求相當高，線寬約為 $0.13\mu m$ 左右。由此可知，將來由於定位精度要求的提高，將突破奈米級數，且為符合高精度定位之要求，超精密微／奈米定位系統之開發，已成為必然的發展趨勢。

　　除了半導體產業，光纖在通訊上的使用成長迅速，使光纖自動組裝的定位技術，需求更顯迫切。其中將光纖精準地與光電元件(photonic devices)對準及組合的工作，是光纖組合中最關鍵的技術之一。光纖與光電元件相連，正如同電子元件皆需接上電導線，方能發揮其應有之功能。然而，因光波與電流的特性不同，積體光學元件與光纖耦合時的複雜程度，遠大於電子元件與電導線的耦合。避免光能量的損失，需要很高的精度，因此在製作上很費時，形成成本的一個瓶頸。為了在組裝製作技術上有突破，需要發展精確且快速的自動組裝系統，降低光纖連接的成本。

　　直徑為 $125\mu m$ 的光纖，其中心的導光核心的單模光纖，直徑僅為 $10\mu m$。若與導波器(wave guide)組合，導波器上的可傳播光波的元件，尺寸大小約為

$6\mu m$，光纖與導波器的對準(alignment)需求，則為 0.5 至 $1\mu m$ 範圍，並且於角度上的需求，亦十分嚴格。為符合高定位精度的要求，超精密微定位系統之開發，已成為必然的趨勢。

由於國內機械產業的研發方向為精密機械技術，微機電技術與奈米加工技術。而精密機械發展趨勢為高效能化、高精密化、資訊化及綠色環保化。在產品發展方面，則應以創造親人性化、易操作且低成本的精密機械為主。以國內現有資源來說，精密工具機、半導體製程設備、LCD 製程設備及精密成形製程設備等四項技術，為精密機械領域發展的重點；至於注重超精密化、細微化的微機電與奈米加工技術，則屬創新前瞻的發展方向。另外，此一發展方向，很適合做為國內機械產業廠商轉型及升級的契機，同時也與國內高科技電子資訊、通訊光電發展利基不謀而合。由於人類對微小化元件的殷切需求，已由微米(10^{-6}m)進入了奈米(10^{-9}m)範圍的時代，在面臨 21 世紀高科技發展的競爭中，奈米技術將是國家高科技發展政策中不可或缺的一環。

◯ 3-2 奈米定位

奈米科技(nano science and technology，NST)是操控原子、分子，以創造出各種可能應用新面貌的一種科技。奈米定位的精度界限，一般認定是介於 100 奈米到 0.1 奈米的原子尺寸間。然而一般的傳統伺服機構，很難達到如此高精密的定位精度。但如壓電材料、磁應變、形狀記憶合金等新興材料的出現，以及量測技術的不斷更新，操控微奈米尺度的技術，在一般較高階的機械裝置上，已漸臻成熟。

奈米科技是操控有關奈米尺度之物質、材料、及微小系統的科技，但是如何才能操控奈米尺度的物質或材料？對於工程領域來說，其最主要的關鍵技術，乃仰賴超微細加工機或掃描式探針顯微鏡(scanning probe microscope，SPM)，這些尖端的裝置乃建構在奈米定位技術的基礎上。因此，奈米定位技術可視為支援奈米科技研發的重要關鍵技術。

奈米定位技術的架構以傳統機電整合系統爲基礎，其內容著重於操控奈米尺度之相關技術，亦即包含新興致動器、感測器、奈米機構設計、控制法、微弱信號處理等，另外尚包含微電腦感測實驗、精密量測實驗、感測器與資料擷取實驗、感測與影像處理技術、光電量測技術等精密感測。近幾年在奈米定位技術的研發上，已有多項具體成果。尤其，在具有奈米級驅動能力之致動器的研發上，已開發出多種壓電元件與彈性體耦合之新型致動器，包含壓電元件與氣壓缸、音圈馬達，以及彈簧等三種方式，均驗證具有奈米級驅動能力及長行程驅動範圍，能有效克服傳統壓電致動器的缺點，並兼具構造簡單，裝置建構成本低廉等優點。在奈米定位技術上的研發成果，以奈米微動平檯及各種長行程奈米級驅動器爲基礎，建構多自由度奈米微動平臺，提供如半導體生產與檢查裝置、高難度之光纖對準裝置、要求高精度定位之生物科技等生產業者所需。

3-2-1　定位系統的構成要素

奈米定位系統的構成要素，與一般傳統定位系統相同，通常包含致動器、機械導引滑道及傳動元件、控制方法，以及位移感測器等四個要素[1-3]。簡要說明如下：

一、致動器(actuator)

致動器包含 AC、DC 伺服馬達、壓電元件、油空壓致動器、線性馬達(Linear Motor)，以及將來寄予厚望的超磁應變致動器(受磁場作用時，每米可達到 1000 微米以上之變形量的材料)。

二、機械導引滑道及傳動元件

由於一般的滾珠螺桿在次微米以下，有極爲明顯的非線性摩擦現象。在超精密定位裝置上，通常是採用液體或氣體之靜壓傳動滑道。而爲了提高移動速率，高精度導程滾珠螺桿，亦爲研究的重點。

三、控制方法

如何控制非線性的摩擦現象對移動特性的影響，特別是變換移動方向時的非線性彈簧特性，是決定能否達到超精密定位目標的主要關鍵因素。主要的控制手法包含：強健控制法、完全追跡控制法、同時考慮定位控制與振動控制的最佳化控制法、自動調節控制法、自動精度判斷及補償技術、高速運動時慣性質量對位移的補償技術、PID 控制法、智慧型控制法等。

四、位移感測器

表 3.1 是微動平檯驅動系統上，常用於回饋控制之感測器的種類。隨著精密加工機、半導體生產裝置之高性能化的趨勢，對於位移感測器之高解析度、高精密化(高準確度、高重現性)的要求越來越高。而爲了提昇生產力，感測器的高頻響應特性，亦是追求的重要特性。表中之雷射干涉儀的解析度可達奈米，頻率響應特性可達 1 MHz。

表 3.1　位移感測器的種類

方式	位移感測器		
接觸式	電氣測微器 (electrical micrometer)		
	光學尺 (optical linear scale)		
非接觸式	雷射干涉儀 (laser interferometer)		
	光纖位移感測器 (fiber optical sensor)		
	電容式感測器 (capacitive sensor)		
	光學感測器 (三角量測法, PSD)		
	渦電流式 (eddy current)		
	超音波感測器 (ultrasonic sensor)		
	線性解碼器 (linear encoder)	光學式	格子方式
			干涉條紋方式
		磁氣式	

3-2-2　奈米定位技術上的應用實例

一、壓電致動器

　　壓電致動器是在壓電材料上施予電場，使其產生應變做為輸出的元件。雖然此應變非常微小，但因具有體積小、出力大、不發熱等優點，在精密機械上做微小的位移控制極為合適。圖 3.1 為積層型壓電陶瓷致動器示意圖。

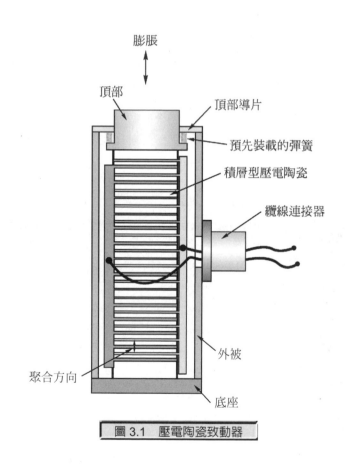

膨脹

頂部

頂部導片

預先裝載的彈簧

積層型壓電陶瓷

纜線連接器

外被

聚合方向

底座

圖 3.1　壓電陶瓷致動器

壓電致動器在精密定位裝置上的應用，通常可分成兩個主要的類別：一個應用其靜態位移，另一個應用其被激發的動態位移。前者之主要特徵在於可獲得理論上無限解析度的驅動能力，且可平順地控制位移的變化，因此在超精密定位裝置的設計上[4]，大多使用靜態位移的特性。但這種方式的主要缺點是位移量僅有數十微米，通常在必須配合其他位移放大機構方能實用。後者之主要特徵在於構造簡單，且可獲得理論上無限行程的自走功能[5]，但主要缺點為無法平順地控制奈米尺度的位移，且驅動壓電致動器的電壓波形複雜。

鑒於上述利用壓電元件之靜態特性時，受微小位移的限制，以及利用動態特性時，驅動電壓的波性複雜等問題，需重新構思利用壓電元件與彈性體耦合之致動器所構成之定位裝置，這種耦合方式的致動器之所以能驅動目標物體移動，主要是運用了壓電元件具有高頻響應的特性，可激發其動態位移而產生衝擊力，藉以敲擊目標物造成微動。這種耦合式的驅動方式，對於壓電元件的應用領域上而言是創新的設計。至於所使用之具有彈性體性質的機械元件包含氣壓缸、音圈馬達(voice-coil motor，VCM)，以及彈簧等。這些耦合式的致動器，除了驗證具 10 奈米之驅動能力外，其他共同的特點如下：

1.　以一般具彈簧性質及阻尼性質的機械元件，就能使壓電元件的作動範圍達到數十微米以上的作業範圍，顯著優於一般撓性支點(flexural hinge)所構成的位移放大機構。

2.　利用壓電元件的高頻響應特性所產生的衝擊力，能驅動受摩擦力固定的目標物體或質量大的目標物體，使之產生奈米級的微動。

3.　壓電元件驅動用的電壓波形簡單，且在精確定位後不需持續通電，控制器及驅動電源的價格相對低廉。

4.　構造簡單，體積小，低成本。

但壓電陶瓷致動器仍有以下之缺點[6]：

1.　非線性(non-linear)：當電壓加在壓電陶瓷時，其延伸量偏離線性的誤差，依材質不同約為 1%～10%。

2. 磁滯性(hysteresis)：電壓增加及減少時，其延伸位移量之差異性，依材質不同而約有 2%～15% 之誤差量。

3. 潛變(creep)：當電壓加在壓電陶瓷使它產生形變時，其延伸量會快速的反應，然後再慢慢的逼進目標值，此種現象稱為潛變。此值依材值不同與加入電壓的大小，約為初始延伸量的 1%～20%。

4. 溫度變異(thermal variations)：壓電陶瓷的溫度延伸系數約為 1×10^{-6} 至 5×10^{-6} C/deg。

在開迴路的控制上，因上述之缺點，常造成定位的誤差，影響機器設備的品質。例如：穿隧掃描式顯微鏡，因為壓電陶瓷致動器非線性與磁滯的特性，使得掃描的圖形，必須經由軟體的補償，才能獲得比較真實的圖像等。為瞭解決以上所述壓電陶瓷之缺點，一般常見的方法如下：

1. 應用電荷放電方式，驅動壓電陶瓷致動器以取代電壓之驅動方式。

2. 應用前向非線性控制模式，驅動壓電陶瓷致動器。

3. 應用閉迴路控制技術。

方法 1. 中，Nowcomb and Flinn[7] 應用電荷放電方式，驅動壓電陶瓷致動器以取代電壓之驅動方式，雖其磁滯現象與線性度將明顯改善，卻產生位移頻率響應大幅減低之缺點。方法 2. 中，Jung and Kim[8] 提出前向參考模式控制方法，改進穿隧掃描式顯微鏡中壓電陶瓷致動器之掃描精度，由於壓電陶瓷致動器之數學模式，僅考慮磁滯現象為局部記憶及對稱之非線性特性，故無法完整代表壓電陶瓷致動器之整體特性，仍有缺失。方法 3. 中，Okazaki[9] 提出兩種閉迴路控制技術，凹口濾波器(Notch Filter)之極—零點抵消控制器，及具狀態觀察器之狀態迴饋控制器。此控制器設計中，壓電陶瓷致動器僅視為簡單之質量—彈簧—阻尼系統，無考慮磁滯現象，因此在控制上此非模式化相位延遲之特性，易造成閉迴路系統之不穩定。

壓電元件的特性爲機械能與電能之間可以相互變換。其中壓電元件的參數包含應力(T)、應變(S)、電場(E)與電位移(D)，因不同之需要，這四個參數之間的關係可用壓電方程式來表示，參數之間的關係式分別爲：

$$\begin{cases} T = c^E - eE \\ D = eS - \varepsilon^S E \end{cases} \tag{1}$$

$$\begin{cases} S = S^E T + dE \\ D = dT + \varepsilon^T E \end{cases} \tag{2}$$

$$\begin{cases} S = S^D T + gD \\ E = -gT + \beta^T D \end{cases} \tag{3}$$

$$\begin{cases} T = c^D S - hD \\ E = -hS + \beta^S D \end{cases} \tag{4}$$

其中 c^E 與 s^E 分別表示在定電場時的楊氏係數與屈服係數；c^D 與 s^D 分別表示在定位移時的楊氏係數與屈服係數；β^T 與 ε^T 分別表示在定應力時的反誘電係數與界電係數；β^S 與 ε^S 分別表示在定應變時的反誘電係數與界電係數；e 爲壓電應力常數；d 爲壓電應變常數；g 爲壓電電壓常數；h 爲壓電勁度常數。如前所述，壓電元件因具高剛性、出力大、機械－電氣能量間轉換效率佳以及微小位移的可控制性等優點，在精密工業上受到廣泛的應用。

二、壓電元件與氣壓缸所構成之致動器[10]

氣壓驅動控制系統因具有速度快、行程大之優點，在各種產業的應用上，已成爲自動化、省力化的主要技術。但它的主要缺點是空氣具有可壓縮性，以及氣缸與滑道間存在著摩擦特性，因而無法獲得高精密之位置控制。壓電元件與氣壓缸所組成的致動器，可克服氣壓缸在應用上既有的問題，使其躍升爲高精密定位系統上的要角；同時，利用氣壓缸的長行程特性，可彌補壓電元件位移僅有數十微米的缺憾。圖 3.2 所示爲壓電元件與氣壓缸所組成之致動器的外觀示意圖。其主要的特徵是，在壓電元件的兩端分別與打擊部及氣壓缸相連接。

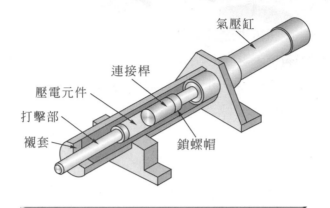

氣壓缸

連接桿

壓電元件

打擊部

襯套

鎖螺帽

圖 3.2　壓電元件與氣壓缸所組成之致動器[10]

三、壓電元件與音圈馬達所構成之致動器[11]

　　音圈馬達，顧名思義，其原本之主要用途為推動音響喇叭。但因其具有反應速度快、微小位移控制性佳，目前已大量應用在硬式磁碟機讀寫頭之驅動控制。壓電元件與音圈馬達所組成的致動器，乃利用音圈馬達高響應、控制性佳，以及大行程的特性，同時解決壓電元件微小位移的缺點。另外，利用壓電元件瞬間變形所產生的衝擊力，可彌補音圈馬達之出力不足的問題，因而可拓展音圈馬達在高負載定位系統上的應用。圖 3.3 為單方向驅動之實驗裝置圖。

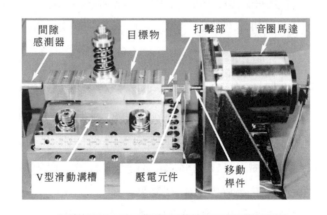

間隙
感測器

目標物

打擊部

音圈馬達

V型滑動溝槽

壓電元件

移動
桿件

圖 3.3　單方向驅動之實驗裝置[11]

四、壓電元件與彈簧所構成之微動檯[12]

此偶合型致動器之移動機構主要包含兩個部分，即驅動器與移動檯。驅動器的構造是在壓電元件的左右兩端，分別安裝打擊部及慣性體，而在慣性體之另外一側安裝彈簧，彈簧則固定在基座上。移動檯安裝在 V 型滑動溝槽上，受衝擊力驅動時，可自由移動。驅動器在未組裝前，彈簧是在自由長度的狀態。安裝時，先將驅動器之打擊部與移動檯接觸後，再適當壓縮彈簧，使移動檯承受彈簧的推力。但此推力相當小，不足以造成受摩擦力固定之移動檯的移動。如此，由於彈簧的壓縮量所產生的推力，使打擊部一直與移動檯保持接觸，壓電元件所產生的衝擊力，因而能直接傳達到移動檯。而移動檯能在彈簧的壓縮範圍內實施位置控制，具作業範圍大的優點。圖 3.4 為單方向驅動之移動檯的實驗裝置圖。

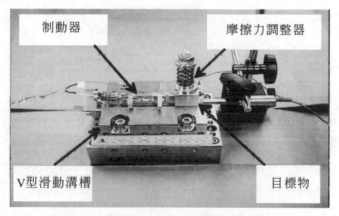

圖 3.4　單方向驅動之實驗裝置[12]

壓電元件與彈簧所組成之精密定位裝置，此裝置之驅動源為結合壓電元件與彈簧所構成的致動器，由於彈簧不需要額外提供電源，因此，能以更低之成本建構高精密之定位裝置，且在控制系統的規劃上亦較簡便。

　　圖 3.5 為彈性體支撐之壓電元件所構成之移動檯的模型示意圖。它包含兩部分，即驅動器及移動檯。驅動器之構造相當簡單，在壓電元件的左右兩端分別安裝打擊部 m_2 及慣性體 m_1，而在慣性體之另外一側安裝彈簧，彈簧座固定在基座上。移動檯則以摩擦力固定(自重或另加摩擦力調整機構)在滑動面上，受衝擊力時可自由移動。

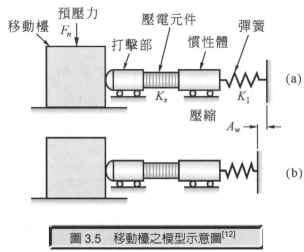

圖 3.5　移動檯之模型示意圖[12]

　　驅動器在未組裝前，彈簧是在自由長度的狀態。安裝時，驅動器之打擊部先與移動檯接觸後，再適當壓縮彈簧，使移動檯承受彈簧的推力。但此推力，相當小，不足以造成受摩擦力固定之移動檯的移動。由於此彈簧的壓縮 A_w 所產生的推力，能使打擊部一直與移動檯保持接觸，如此，壓電元件所產生的衝擊力能直接傳達到移動檯上，而移動體能在彈簧的壓縮量 A_w 之範圍內，做位置控制，具作業範圍大的優點。

　　驅動器之打擊部與移動檯在接觸狀態下，可驅動壓電元件使移動檯微動。以圖 3.6 所示之單邊驅動為例，說明移動檯之作動原理。

1. 首先，驅動器之打擊部與移動檯在接觸狀態，壓電元件亦在自然的收縮長度下。

2. 以脈衝電壓驅動壓電元件，使其瞬間變形產生衝擊力，經由打擊部敲擊移動檯。移動檯受力後，克服摩擦力產生微動距離 X_1。

3. 壓電元件收縮時，移動檯和打擊部間會造成間隙，但是因為彈簧的推力，使打擊部向前與移動檯保持接觸，並產生微動距離 X_2如此，完成 1 次的驅動。

4. 在彈簧的壓縮範圍內，重複(b)及(c)的動作，可達到大行程的驅動目的。

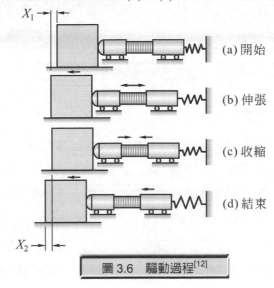

圖 3.6　驅動過程[12]

五、壓電元件與彈簧所構成之自走式微動檯[13]

　　自走式微動檯與前述壓電元件與彈簧所構成之微動檯的最主要差異，在於驅動器是安裝在微動檯的內部。因此具有構造簡單、小型化的優點。如同之前的情形，安裝驅動器到移動檯內部時，要適當壓縮彈簧，使移動檯及驅動器同時承受彈簧的推力，因而打擊部能一直與移動檯保持接觸。在此條件下，可以連續驅動壓電元件，使移動檯達到自走的功能。圖 3.7 是單方向驅動移動檯的實驗裝置圖。

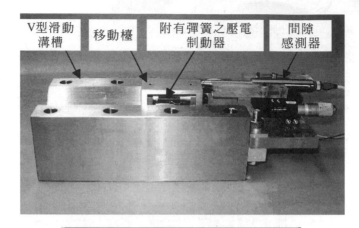

V型滑動溝槽 | 移動檯 | 附有彈簧之壓電制動器 | 間隙感測器

圖 3.7 自走式微動檯的實驗裝置[13]

◯ 3-3 奈米量測

　　奈米量測包括奈米級幾何輪廓與物性之精密定位與檢測。在半導體製程、微奈米機電製程或表面聲波元件等領域之研製過程，亟待可靠的定量檢測技術，例如精確尺寸量測、薄膜材料力學參數量測等。立體微影像組裝系統已應用到諸多領域，如生物、醫學、工程等方面。利用立體微影像系統，可獲得微小細胞的影像資訊，並進一步對生物細胞進行移動、修補、醫療的操作。因此，立體微影像系統可以結合精密定位平台、微移動操作器、吸附和注射器，進一步組成「微操作系統」；在微作業系統中，可以藉由立體顯微鏡的成像來量測物體，並利用三維操作平台來進行工作。

　　奈米檢測技術可以原子力顯微技術為主軸，它利用壓電材料之精密定位、雷射光反射於懸臂探針之高精密量測、與其原子級力場範圍之高精度感測特性。其應用不再侷限於奈米級物質表面結構之影像及粗糙度量測，更被應用在奈米級機械性質量測、材料科學、生物醫學，以及奈米級加工術等奈米科技之研究與發展，其成果將有助於對奈米級物質之基本特性的了解，進而加速奈米科技產品之研發。

原子力顯微鏡技術在奈米科技(材料科學、生物科技、奈米結構之機械特性及奈米級加工術等領域)上的研究及應用，涵蓋的範圍包含：表面結構之影像及粗糙度量測、奈米結構之力學特性量測、原子力顯微鏡探針之彈性係數量測、材料科學之應用、生醫材料與生醫分子之微機械性能之研究、奈米印刷術(Nanolithography)、奈米操縱術(Nanomanipulator)等。

研究單一分子的奈米級檢測具有四大優點：(A)單一分子的檢測，可以帶動高靈敏度的微觀儀器的發展。由於檢測對象為單一分子，系統能免於基材的干擾，且不需標準樣品來校正。(B)利用單分子偵測系統，可探討各個單一分子間之同異性，例如酵素活性的異同、DNA 和蛋白質間作用力的不同等。(C)單一分子的檢測，在生化方面的應用具有潛力。例如酵素如何與 DNA 作用，酵素分子如何接近，如何找到受質的活化中心，如何形成鍵結與分解等，都可由單一分子的檢測，清楚地瞭解這些訊息。(D)單一分子檢測技術之開發，有利於探討一般化學反應機制、臨床分析、環境分析、分子生物學和法醫學方面之研究，例如早期偵測癌症細胞，或細胞和細胞間之訊號傳輸等。

單一分子的實驗能夠觀測到系綜(ensemble)實驗不能測得的現象，例如光譜線位置的分布與強度躍動的現象等。利用單一分子的偵測結果，不只可與理論比較外，也可檢驗應用於系綜分子的統計模型，探討單一分子與系綜分子之間的關係。此外，在單一分子量測過程中，可進一步探討相關的移動與轉動擴散，光譜擴散，能量傳遞，電子傳遞，與酵素的反應等。這些實驗中，所獲得之分子作用力與動力學行為，都很難在系綜的環境下獲得。

量測單一分子或原子，在固態表面的排列，現階段常用的儀器有掃描穿透顯微鏡(STM)，原子力顯微鏡(AFM)等，利用探針接近並掃描分子表面，其針尖與分子間作用所誘發之穿隧電流訊息，可以偵測原子或分子在固態表面排列之結構。至於在液體介質找尋單一分子的技術，則常利用光學檢測技術，其中

又以雷射誘導螢光方法最為普遍，此技術是一門兼具偵測單分子能力、空間解析度高，及可捕捉短暫化學變化之光譜技術。

● 3-4　奈米製造

就奈米產業化而言，奈米級加工技術將是整個奈米科技中最重要之一環。而台灣在生產次微米半導體元件，已累積了世界級之經驗，只要有健全之奈米基礎科學與應用科技之研究，台灣在奈米產品的研發與生產，將比其他國家更有優勢。

雷射科技較常用的有 CO_2、Nd：YAG 及 Excimer 等雷射加工系統。近年來，利用 Nd：YAG 變頻改裝成的超快雷射(ultrafast laser)的研發成功，已使得特徵尺度由數百 μm 至數十 nm 之超精密奈微米級加工，不再是困難的挑戰。Nd：YAG 變頻後的超快雷射之特徵是，它的波幅週期超短(約 $100\sim150\times10^{-15}$ 秒)，材料與雷射光的交互作用時間極微，幾乎已無熱傳播現象，且超快雷射之瞬間功率極高，只要適當調整雷射之能量與聚焦特性，可使金屬、陶瓷、塑膠、複合等材料之原子、與分子間之化學鍵，在不需經過材料溶化過程就直接打斷，從而產生材料之汽化去除作用。因此，加工件無熱影響區、無熱變形、無微龜裂與無微殘渣等為人所詬病之加工缺點。這些超快雷射之特性，並無其他任何精密加工法可以比擬。因而，使得超快雷射已被學界及業界看好，非常適合做超精密的微細加工。

現在全球視奈米科技為下一波產業技術革命，為下一階段製造工業之核心領域，因此勢必會重新劃分世界高科技競爭之版圖。為讓台灣高科技產業根留本土與永續發展，轉型為奈米科技產業實為台灣當前之關鍵與挑戰。

奈米製造之主要目標為，研發奈米元件及材料之量產製造方法。例如光電產業中，彩色濾光片或彩色發光二極體之製造，是以微影技術作出單色圖案，

再重複以微影技術作出其他兩種顏色之圖案。以下介紹另外兩種可行的奈米製造方法。

一、微熱壓成型(hot embossing）

常用以製造塑膠微形元件，是微機電領域難得的量產技術，然而金屬材料由於熱塑流變性不佳，通常不適用於微熱壓成型。微細晶粒結構可以使金屬具有類似塑膠之熱塑流變性，此稱為超塑性(superplasticity)，當晶粒微細至奈米等級，此一超塑性將異常明顯，而使微熱壓成型可應用於金屬微形元件的製造。奈米超塑性金屬微成形元件製造技術，不僅擴展微機電產業技術加工窗口，突破奈米材料應用瓶頸，也有助於瞭解材料超塑性行為的極限。

針對超塑性微熱壓成型，所需之微形工件模具，可採用半導體(或微機電)製程的微影蝕刻技術，在矽晶上製作出微形工件的圖案，基本上將以非等向性化學蝕刻為主。但為了提昇其深寬比，亦可採用光電化學蝕刻技術，亦即利用光照射加速並引導電解蝕刻，使矽單晶得到極高深寬比的微形工件圖案。奈米級晶粒尺寸之超塑性金屬材料，在微熱壓成型過程，於模具內所產生的超塑性流變行為，主要探討不同溫度及應變速率下，材料成型的應力變化與模具充填能力。對於超塑性微流變過程，奈米晶體材料與矽晶模具的摩擦效應亦需考量。

二、 微射出成型(micro-injection moulding)

常用以製造塑膠微形元件，亦是微機電領域已經進行的量產技術。然而，陶瓷材料由於熱塑流變性不佳，通常無法直接成型，須加入高分子塑膠(例如：PP，PE)，才能經由高分子熱塑性質，進行精密射出。奈米陶瓷微形元件製造技術，將不僅擴展微機電產業加工技術，也有助於瞭解材料塑性成型行為的極限。奈米陶瓷微形元件製造技術，將跨入奈米級(<100nm)陶瓷粉體，研發具精密奈米級尺寸之陶瓷元件成形技術。

金屬材料在晶粒尺寸達到微米級(<10μm)時，即具有超塑性，奈米超塑性金屬微成形元件製造技術，將進一步跨入奈米級晶粒尺寸，此時預期接近超塑性極限，將可實現利用微熱壓成型技術，製作金屬微形元件的目標。在傳統微機電領域，微影電鑄成型(LIGA)是製作金屬微形元件的主要方法，但是昂貴的製程及設備，使其應用於量產元件的機會受到限制，奈米超塑性金屬微成形元件製造技術，利用奈米晶體結構所衍生的材料特殊加工性，使微熱壓成型得以取代微影電鑄成型，生產金屬微形元件，將可加速微機電產業與奈米材料進入量產市場。

三、壓印顯影(Imprint Lithography)[14,15]

在基板上製做圖案之最簡單、最便宜、最直接的方法是，仿照中國自古以來的蓋圖章方式，叫做壓印顯影。這個技術需要先製作模板(mold)，然後再用模版在基板上的光阻或彈性覆膜上壓印，把圖案轉移到基板上。模板之製造是在矽基板上，用電子束顯影方式製做 SiO_2 之模版，如圖 3.8(a)所示，在所要製做圖案的基板上，先放一層 PMMA 光阻，其溶解溫度為 105°，加溫到 200°，讓 PMMA 溶解，再把模版壓下，等溫度降低到 100°以下，PMMA 凝結以後，再把模版提起。用 PMMA 光阻之好處是，它不會黏在 SiO_2 上。經實驗顯示最佳之模版壓力為 13MPa。壓好之 PMMA 送進活性離子蝕刻機(reactive ion etcher，RIE)，用 O_2 電漿做非等向性蝕刻，直到把壓痕底部之 PMMA 吃光，漏出基板。再蒸鍍上金屬，用將 PMMA 洗掉之掀離(lift-off)法，可以形成寬 30nm，距離 70nm 之奈米金屬線圖案，如圖 3.8(c)所示。此種壓印的方式通常只能壓一次，因此用做光碟片之製作是最好的方式。若壓第二次，對準技術上有困難要克服，未來能否突破瓶頸成為重要的顯影技術，還需時間來證明。

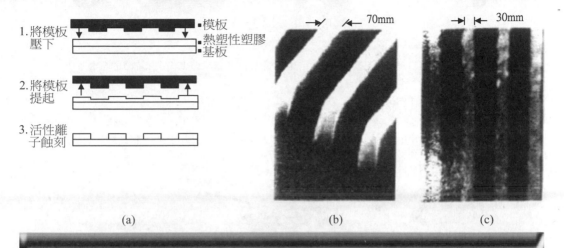

圖 3.8 壓印顯影：(a)壓印顯影之步驟。(b)在掃描式電子顯微鏡下為壓印於 PMMA 膜上所形成之帶狀圖，這樣的帶狀體寬 70nm，高 200nm，有高深寬比，表面粗糙度小於 3nm，且擁有完美的垂直度。(c)將(b)圖上蒸鍍金屬，用將 PMMA 洗掉之掀離(lift-off)法，可以形成寬 30nm，距離 70nm 之奈米金屬線圖案[14,15]

　　另外的印刷奈米圖案技術，如圖 3.9 所示，則是先在基板上用電子束顯影製作圖案，這個模板叫主模版(master)。在主模板上傾倒液態的 PDMS(poly dimethyl siloxane)，等其凝結成似橡皮的固體，與原圖案呈互補匹配。將其從主模版剝下，浸入含硫醇(SH)之液體，沾上一層硫醇，然後在金箔覆蓋之矽基板上壓下，可以形成一單層之硫醇奈米圖案。另外一種方式是把 PDMS 圖章放置在一硬的基板上，將液態高分子流入圖章與基板之空隙中，等到高分子凝結就可以形成原在主模版上之圖案，此種方法所做出奈米特徵尺寸，可以小於 10nm。

軟蝕刻法

使用有彈性的壓模來印刷、鑄造(或用其他機械過程)，能做出具有奈米細節的圖案。這些技術所製造出的元件，或許可以用在光通訊或生化研究。

做出有彈性的壓模

1. 把聚二甲基矽氧烷(PDMS)的液狀前驅物倒在以光蝕刻法或電子束蝕刻法做出的淺浮雕主片上

2. 液體凝結為原來圖案相同的固體橡膠

3. 將PDMS壓模剝離主片

PDMS的液態前驅物　　　　　PDMS壓模

主片　　　光阻

微觸印刷

1. 先讓PDMS壓模沾上一種含有有機分子硫醇的溶液，然後將它壓在矽板的金薄膜上。

2. 硫醇會在金的表面形成自組單層分子膜，複製出壓模的圖案；圖案裡的細節可以小到50奈米。

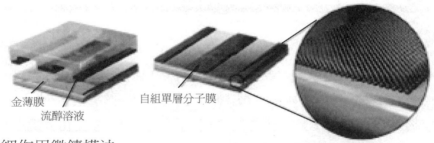

金薄膜　　　　　　自組單層分子膜
流醇溶液

毛細作用微鑄模法

硬化的聚合物

液態的聚合物

1. 將PDMS壓模至於堅硬的表面，然後讓液體聚合物流到壓模與表面之間的空隙。

2. 聚合物會硬化成我們要的圖案，圖案細節可以小於10奈米。

圖 3.9　軟蝕刻法[16]

四、 沾水筆顯影法(dip-pen lithography)

利用原子力顯微鏡(Atomic Force Microscope，AFM)之微細針尖沾上帶有硫醇(–SH，thiol)分子之溶液，在金箔表面上沾上一滴水而移動，可以畫出奈米之圖案。

○ 3-5 工程產業實例

3-5-1 奈米定位技術的應用

奈米定位技術不僅用於科學領域上的研發，事實上在我們的日常生活上，已不知不覺地享受到奈米定位技術所帶來的成果。例如，電腦之硬式磁碟機讀取頭的快速定位控制，畫質清晰之 DVD 驅動裝置等。其他之應用例，如表 3.2 所示，包含超精密加工機、半導體製程之露光裝置等，這些裝置是集廣泛基礎技術的大成，設備費動輒上億台幣，而其核心技術，仍以超精密定位技術為主軸。

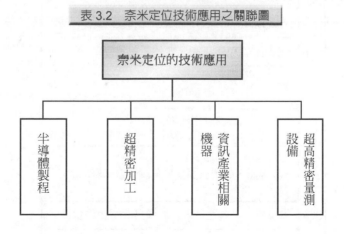

表 3.2 奈米定位技術應用之關聯圖

表 3.2　奈米定位技術應用之關聯圖(續)

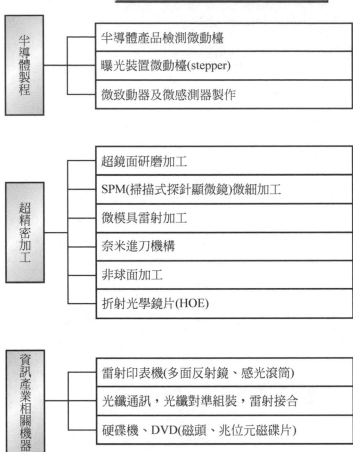

半導體製程	半導體產品檢測微動檯
	曝光裝置微動檯(stepper)
	微致動器及微感測器製作

超精密加工	超鏡面研磨加工
	SPM(掃描式探針顯微鏡)微細加工
	微模具雷射加工
	奈米進刀機構
	非球面加工
	折射光學鏡片(HOE)

資訊產業相關機器	雷射印表機(多面反射鏡、感光滾筒)
	光纖通訊，光纖對準組裝，雷射接合
	硬碟機、DVD(磁頭、兆位元磁碟片)

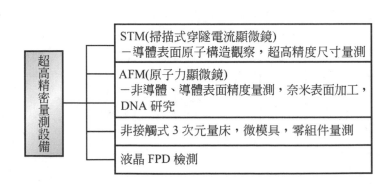

超高精密量測設備	STM(掃描式穿隧電流顯微鏡)－導體表面原子構造觀察，超高精度尺寸量測
	AFM(原子力顯微鏡)－非導體、導體表面精度量測，奈米表面加工，DNA 研究
	非接觸式 3 次元量床，微模具，零組件量測
	液晶 FPD 檢測

3-5-2 奈米定位平台設計

本節針對平面式微／奈米級定位平臺之研製與分析，進行解析與製作過程的探討。首先瞭解基本元件機構的特性原理，利用 Lagrange 方程式推導放大機構的方程式，利用田口最佳化設計的觀念，設計微奈米定位平臺。以不增加製造成本，而提高定位平臺品質最佳化的目的，再配合 ANSYS 電腦模擬分析，瞭解定位平臺在靜、動態狀況下各種不同的位移和機構作動情況。

設計此類微動平臺時，其設計關鍵點為：

1. 機構設計以對稱型為主，如此可減低因溫度變化導致的干涉情形。
2. 變形量較大之機構(如平板彈簧及撓性鉸鏈等)，加工時必須要求較高的精度，以減少因不對稱變形造成的誤差。
3. 變形量較小或幾乎不變形的部分，加工精度可較低，以減低加工成本。
4. 在不減少系統剛性前提下，減低系統質量(如方孔結構的設計)，如此可增加系統之共振頻率，使系統達成高速化作動及輕量化的目的。

一、 撓性結構[17]

撓性結構之設計概念係應用材料的彈性變形，而達成位移定位的效果。撓性鉸鏈是沒有黏滯摩擦力現象的機構，它可視為傳遞力和旋轉的彈簧，具一體機構、平順連續的運動等特點。其優點為不會產生介面磨耗且有高穩定度、無餘隙、精度高、生熱少、不需潤滑，若經適當設計對溫度變化不敏感。缺點為加工不易、造價昂貴。

如圖 3.10 所示，單一撓性鉸鏈的運動向量可分為 X、Y、Z、θ_X、θ_Y、θ_Z 共六個自由度，t 表鉸鏈的寬度，r 表鉸鏈的半徑，b 表鉸鏈的長度，L 即是連結鉸鏈的連桿長度。對於一般的微動定位平臺的運動若是平面的，僅需要平面位移運動 X、Y、θ_Z 三自由度即可，為了使其他 Z、θ_X、θ_Y 三自由度能不產生位移的運動，對撓性鉸鏈運動有較大影響的因數，只有鉸鏈的長度 b。若將鉸

鏈的長度 b 加長，鉸鏈斷面的截面係數必成 b^2 倍值加大，對於 Z、θ_X、θ_Y 三向量的彎曲應力 σ 及剪應力 τ 必會減少，產生彈性變形也相對減少。

鉸鏈橫截面上的彎曲應力 σ 及剪應力 τ 分別為

$$\sigma = \frac{m}{z} = \frac{6p(L - r\sin\theta)}{b \cdot d^2}$$

$$\tau = \frac{3V}{2A} = \frac{3P}{2b \cdot d}$$

其中　M：彎矩；V：剪力；A：截面積

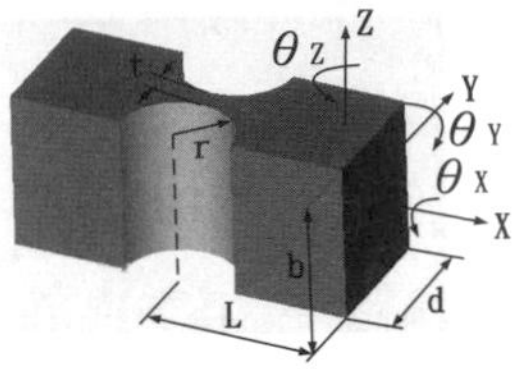

圖 3.10　撓性鉸鏈結構

二、　導引彈簧[18]

導引彈簧主要目的是，當壓電致動器驅動時，產生之位移經導引彈簧的導引，使工作平臺與固定座達到相對的位移效果。圖 3.11(a)所示為懸臂梁受一負荷時，所產生的位移可視為線性的，其計算式為 $\delta = \dfrac{WL^3}{3EI}$；圖 3.11(b)所示為懸臂梁運用到導引彈簧，當 S = L/2 時，其計算式為 $\delta = \dfrac{WL^3}{12EI}$。

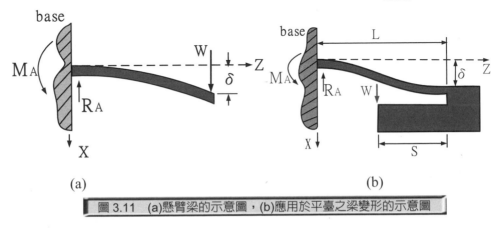

(a)　　　　　　　　　　　　　(b)

圖 3.11　(a)懸臂梁的示意圖，(b)應用於平臺之梁變形的示意圖

三、SR 放大機構[19]

Scott Russell(SR)位移放大機構如圖 3.12 所示，採用一體成型的方式製成，其中位移放大的方式為線性放大。將壓電陶瓷致動器置於 SR 的輸入端，施以電壓產生位移變形時，SR 放大機構的輸出端，將會隨壓電陶瓷致動器變形位移而產生線性位移放大。由圖 3.12(a)知，當 B 點沿 y 方向移動時，D 點即沿著 X 方向做直線運動。在分析中 $\overline{AB} = \overline{AC} = \overline{AD} = L$，$\angle ABC = \theta$ 假設 Y 為輸入，X 為輸出，X 為 D 點 X 座標之變化量，Y 為 B 點 Y 座標之變化量，由幾何關係可得

$$(X_D + \Delta X)^2 = X_D^2 - 2Y_B\Delta Y - \Delta Y^2$$

$$\Delta X = -X_D + \sqrt{X_D^2 - 2Y_B\Delta Y - \Delta Y^2}$$

當 $\Delta Y \to 0$ 時，

$$\frac{\Delta X}{\Delta Y} \cong \frac{dX}{dY} = \frac{-Y_B}{\sqrt{4L^2 - Y_B}} = \frac{-Y_B}{X_D} = -\cot\theta$$

因此，當 B 點在 Y 方向上做微量位移變動時，可在 D 點得到放大倍率 $-\cot\theta$ 之 X 方向位移量。

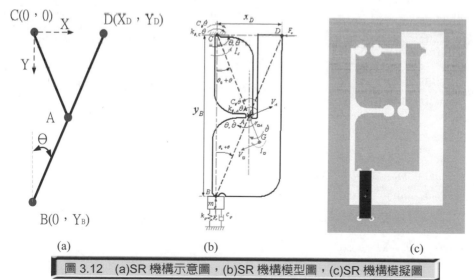

(a)　　　　　　　　　(b)　　　　　　　　　(c)

圖 3.12　(a)SR 機構示意圖，(b)SR 機構模型圖，(c)SR 機構模擬圖

推導動態方程式，首光假設 SR 機構受推力下，機構剛體不變形，只有撓性鉸鍊產生彎曲變形。先由圖 3.12(b) 的 SR 機構模型圖，列出動能 T 及位能 V，再以 Lagrange 公式推導出動態方程式。撓性鉸鍊的旋轉彈性係數可表示爲[20]：

$$k_g = \frac{Ebr^2}{12}(2\beta + \beta^2)\left\{\left[\frac{1+\beta}{\gamma} + \frac{3+2\beta+\beta^2}{\gamma(2\beta+\beta^2)}\right]\sqrt{1-(1+\beta-\gamma^2)}\right.$$

$$\left.+\left[\frac{6(1+\beta)}{(2\beta+\beta^2)^{3/2}}\right]\tan^{-1}\left(\sqrt{\frac{2+\beta}{\beta}}\frac{\gamma-\beta}{\sqrt{1-(1+\beta-\gamma^2)}}\right)\right\}$$

其中，h=t+b，β=t/2r，γ=h −2r 和 E 爲彈性係數，r 爲撓性鉸鍊圓孔半徑，t 爲撓性鉸鍊最窄處的寬度，b 爲撓性鉸鍊厚度(即機構厚度)。

考慮反作用力 F_c、壓電致動器作用力 P 及撓性鉸鍊阻尼力等所做的虛功，如下式：

$\delta W = \left[2Pl\sin(\theta_0+\theta) - 2F_c l\cos(\theta_0+\theta) - 3c_\theta\dot\theta - 4l^2 c_p\dot\theta\sin^2(\theta_0+\theta)\right]\delta\theta$ 由 Lagrange 方程式，可得到下列運動方程式：

$$\delta W = \left[2Pl\sin(\theta_0+\theta) - 2F_c l\cos(\theta_0+\theta) - 3c_\theta\theta - 4l^2 c_p\theta\sin^2(\theta_0+\theta)\right]\delta\theta$$

$$+ml^2\left(\frac{14m_2+5m_3}{14(m_2+m_3)}\sin\theta_0\cos\theta + \frac{3m_2+m_3}{2(m_2+m_3)}\cos\theta_0\sin\theta\right)^2 + 4m_p l^2\sin^2(\theta_0+\theta)\right]\ddot\theta$$

$$+\left[ml^2\left(\left((\frac{3m_2+m_3}{2(m_2+m_3)})^2 - (\frac{m_2+3m_3}{2(m_2+m_3)})^2\right)\cos^2\theta_0\right.\right.$$

$$+\left(\frac{14m_2+23m_3}{14(m_2+m_3)})^2 - (\frac{14m_2+5m_3}{14(m_2+m_3)})^2\right)\sin^2\theta_0\right)\sin\theta\cos\theta$$

$$+ml^2\left[(\frac{m_2+3m_3}{2(m_2+m_3)})(\frac{14m_2+23m_3}{14(m_2+m_3)}) - (\frac{14m_2+5m_3}{14(m_2+m_3)})(\frac{3m_2+m_3}{2(m_2+m_3)})\right](\sin\theta_0\cos\theta_0)(2\sin^2\theta-1)$$

$$4l^2 m_p\sin 2(\theta_0+\theta)\right]\dot\theta^2 + \left(3c_\theta + 4l^2 c_p\sin^2(\theta_0+\theta)\right)\dot\theta + 5k_\theta - 4l^2 k_p(\cos(\theta_0+\theta) - \cos\theta_0)\sin(\theta_0+\theta)$$

$$= 2Pl\sin(\theta_0+\theta) - 2F_c l\cos(\theta_0+\theta)$$

四、ANSYS 有限元素分析

有限元素法是一個數值的程式，可以用來求解包含應力分析、振動分析等廣泛的工程問題。如圖 3.13 所示為一個單獨 SR 機構，經由 ANSYS 電腦模擬，被壓電陶瓷驅動時的移動方式。而圖 3.14 至圖 3.16 所示為一定位平臺，其結構為四個角落各連結一個相同的平板彈簧，當平臺受到外力驅動時，平板彈簧可平衡平臺的移動位移，當外力去除時可使平臺回復到原來的位置。且圖 3.14 至圖 3.16 分別以三種不同的驅動力去驅動平臺：為直接壓電驅動、SR 機構驅動及槓桿機構驅動，由圖即可比較出，平臺在不同方式機構驅動下的移動情形。

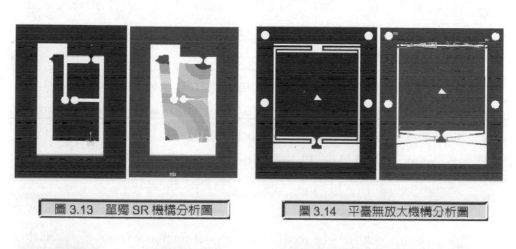

圖 3.13　單獨 SR 機構分析圖　　　　圖 3.14　平臺無放大機構分析圖

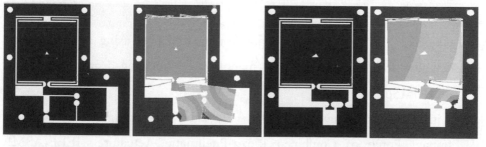

圖 3.15　平臺加 SR 放大機構分析圖　　　圖 3.16　平臺加槓桿放大機構分析圖

參考文獻

[1] 馮榮豐主編，91 年 3 月，"奈微米工程-精密製程與量測技術"，滄海書局。

[2] 李旺龍及馮榮豐主編，民國 91 年，"奈米工程技術"，滄海書局。

[3] 精密工學會誌(日本)，2001，67。

[4] Chang，S. H., et al, 1999, "An ultra-precision XYΘz piezo-micropositioner - Part I: design and analysis," IEEE Trans. Ultrason., Ferroelect., and Freq. Contr. 46, 四、, pp.897-905.

[5] Higuchi, T., et al, 1987, "Micro actuator using recoil of an ejected mass," Proc., IEEE Micro Robots and Teleoperators Workshops, Massachusetts, Hyannis,(9-11), pp.16-21.

[6] King, T. G., Preston, M. E., Murphy, B. J. M. and Cannell, D.S., 1990, "Piezoelectric ceramic actuators: A review of machinery applications," Precision Engineering, 12, 三、, pp.131-136.

[7] Newcomb, C. and Flinn, I., 1982 "Improving the linearity of piezoelectric ceramic actuators," Electron. Lett., 18,(11), pp.442-444.

[8] Jung, S. and Kim, S., 1994, "Improvement of scanning accuracy of PZT piezoelectric actuators by feedforward model-reference control," Precision Eng., 16, 一、, pp.49-55.

[9] Okazaki. Y., 1990, "A Micro-positioning tool post using a piezoelectric actuator for diamond turning machines," Precision Eng., 12, 三、, pp.151-156.

[10] Liu, Y. T. and Higuchi, T., 2001, "Precision Positioning Device Utilizing Impact Force of Combined Piezo-Pneumatic Actuator," IEEE/ASME Trans. On Mechatronics, 6, 四、, pp.467-473.

[11] 劉永田，樋口俊郎，2001，"压電素子組合精密位置決調整機構"，精密工学会誌，67，一、，pp.70-75。

[12] Kung, Y. S. and Fung, R. F., 2004, "Precision Control of a Peizoceramic Actuator using Neural Networks," ASME Journal of Dynamic Systems, Measurement, and Control, Vol. 126, pp.235-238 (SCI).

[13] Liu, Y. T., Fung, R. F. and Huang, T. K., 2004, "Dynamic Responses of a Precision Positioning Table Impacted by a Soft-Mounted Piezoelectric Actuator", accepted by Precision Engineering, (SCI) NSC 90-2212-E-327-005

[14] Wong, A. K., et al., 2000, IEEE Trans Semi. Manufacture, 13, 235.

[15] Chou, S. Y., Krauss, P. R. and Renstrom, P. J., 1996, Science, 272, 85

[16] 科學人雜誌－奈米特刊，2003 年 11 月，pp.48。

[17] 黃宜正，謝士渠，2001 年 11 月，國立彰化師範大學，壓電致動器運用在 XYθz 精密定位平臺之設計與實驗，第四屆全國機構與機器設計學術研討會集。

[18] Elmustafa, A. A., Lagally, M.G. Flexural-hinge guided motion nanopositioner stage for precision machining: finite element simulations, accepted 21 August 2000, Precision Engineering, pp.77-81.

[19] 李振榮，鄭金火，馮榮豐，2003 年 12 月，Scott-Russell 切削刀具機構之最佳化設計及分析，第二十屆機械工程研討會，pp.597-604。

Nanotechnology
奈米工程概論

Nanotechnology

第 **4** 章

微奈米機電工程

○ 4-1 前 言

　　將各式機械元件和電子元件縮小至微奈米尺寸,是成爲微奈米科技產品的必經之路,這種縮小技術稱之爲微機電系統或微系統(micro-electro-mechanical System, MEMS)[1-3]。整個世界的科技產業,隨著 1980 年代 PC 產業的興起,引領著一波前所未有的科技革命,所有新興產業的誕生,莫不與 PC 有密不可分的關係。在這一波的科技革命,台灣追隨著世界的潮流,孕育了許多國際知名的公司,也提升了整體的產業水準與競爭力,從桌上型 PC 的組裝,主機板,筆記型電腦組裝,DRAM,晶圓代工,手機製造,乃至於今日最熱門的積體電路(integral circuit, IC)設計業與 TFT-LCD 產業,每一個相關產業,皆代表了台灣在世界 PC 界強大的競爭力。

　　微機電系統(MEMS)技術是以 top down 方式來作奈/微米科技元件的關鍵技術。近年來矽微細加工(silicon micromachining)技術發展迅速,已可在矽晶圓(silicon wafer)上製作出三次元的微結構,若將這些微結構及具有換能功能的材料與微電子放大電路整合在同一晶片上,即可製作成微型的感測器與致動器,在汽車工業、生醫感測、生醫器材、與航太工業上都具有相當大的潛在市場。在奈米科技中微機電系統更是扮演了不可或缺的角色,如奈米定位機構、生醫感測元件、以及原子力顯微鏡探針的製作等,都免不了微結構的製作。而微機電系統的製作過程中,使用到相當多半導體相關製程,而半導體的製造本是台灣工業的重心之一。

　　爲了達到外觀要酷、炫、輕、小,內在功能要強大與包羅萬象,並且能夠走入家庭與日常生活更貼近,許多產業的製造生態慢慢在改變,就電子零組件的觀點而言,SOC(system on chip)就是一個明顯的例子,這就是把許多不同功能的積體電路(IC)整合在一顆積體電路上,不但可以大幅度縮小元件體積、並且提高系統性能,以求生產成本的降低。但就產品的機構而言,以傳統的製造

方式無法縮小體積，隨之是一種新的製造技術產生，可達到元件的微小化目的，這就是微機電系統(MEMS)，藉此微小化許許多多的關鍵組件，進而能製造出更智慧的，更可靠的產品與系統。

　　奈米機電系統(NEMS)與微機電系統(MEMS)，都是處理微尺度的前瞻科技，常被等同處理。微機電是指在微米尺寸，也就是 10^{-6} 尺度下之製程技術，所製造出的迷你機械元件。微機電研發近十年來累積不少成果，如汽車安全氣囊的感測計、胎壓計、血壓計、手機通訊濾波器等產品上市，未來也可望運用在生物晶片、無線通訊調頻器等高價產品上。奈米機電，則是處理更細微的 10^{-9} 尺度。廣義來說，兩者都是處理微尺度的技術，微機電技術可說是跨入奈米機電的橋樑之一，如觀測奈米尺寸物質的 AFM 顯微鏡，其探針與懸臂樑就是微機電產品。

● 4-2　微機電系統

　　最早有紀錄的機電系統儀器，是在 1785 年時由 Charles-Augustin de Coulomb 建造用來量測電子電量[4]。他的電扭矩平衡包含了兩個球型金屬球，一個是固定的，另一個則是沿著一根桿移動，這機構的運作有點類似電容板。此例子說明了，大多數機電系統裡兩個常見的基本原件：一個機械原件和一個感測器(transducer)。

　　微機電系統，是目前科技界公認最具未來發展潛力及前瞻的研究領域。而 MEMS 的發展由來，根源於 1960 年代中期利用半導體製程，製造機械結構於矽晶片上的概念後，吸引了許多人投入該技術的研究。到了 1970 年代中期，利用該製造技術，結合機械和電子元件的半導體感測器，成功地開發出來。1980 年後，與該技術相關的研究，如雨後春筍般的出籠，而研究內容也不侷限於感測器，還包含一些複雜的機構與元件，如泵浦、閥門、齒輪、馬達、夾子等等。由於這項技術的逐漸成熟，應用的範圍逐漸擴大，研究目標已訂在發展一個完

整的微型系統，包含感測、致動、訊號處理、控制等多項功能的系統，例如微型機器人和微型硬碟機，希望能夠像半導體產業一般，成為本世紀革命性的技術。

微機電系統是世界各國已積極介入的一個領域，在各地區的定義不盡相同，在歐洲稱為微系統技術(micro-system technology，MST)，其定義為一個智慧型微小化的系統，包含兩個或多個電子、機械、光學、化學、生物、磁學或其他性質整合到一個單一或多晶片上。在美國稱為微機電系統(micro-electromechanical systems，MEMS)，其定義為整合的微元件或系統，包含利用積體電路相容批次加工技術製造的電子和機械零件，該元件或系統的大小從毫米到微米。在日本則稱作微機械(micro-machines)，定義為體積很小，能執行複雜微小工作，且具功能性的元件。

行政院國家科學委員會，科學技術資料中心所採行的定義，則是以美國的定義為主，並再囊括歐洲及日本的定義而成，微機電系統技術：包括以矽為基礎的技術、LIGA 光刻技術、電鑄技術、模造技術及其他傳統技術等，製造出微感測器、訊號處理機及微致動器等；其應用領域極為廣泛，包括製造業、自動化、資訊與通訊、航太工業、交通運輸、土木營建、環境保護、農林漁牧、醫療福祉等行業。

一般而言，對於能夠把每個微元件結構或系統本身尺寸定義在微米範圍，或是微結構的機械運動範圍，能夠達到微米的精準度或位移量，在這樣的精度與尺寸範圍內的微元件，我們皆可以稱之為微機電元件，而把這些微機電元件與其他周邊 IC 組成的系統稱為微機電系統[5]。

當機械元件受一外力作用時，其反應不是變形就是振動。要量測這種靜力時，量測器通常要有非常小的彈性係數，目的是使一個微小的外力，可造成很大的變形量。而隨時間的變化力，最好是以低耗損的機械式共振器來量測，此共振器對於小振幅的震盪訊號，因共振會產生較大的響應。許多種類的機械元件，可以用來量測靜力或隨時間的變化力，但為了追求相當高的靈敏度，有時

會使用更複雜的儀器，如複合式共振結構(compound resonant structure)，可以用來擷取橫向的、扭矩式的及縱向式的振動模式。

在微機電系統(MEMS)或奈米機電系統(NEMS)中，使用感測器將機械能轉換成電子或光學訊號。通常來說，微機電系統元件的輸出，是機械元件的移動，如圖 4.1 所示，扭轉共振器受電力的影響而轉動。今日機械儀器中使用的感測器，是以一連串物理機制作為基礎，包含了壓電及磁動效應(magneto motive effects)的影響、奈米磁力(nano-magnets)和電子穿隧通路(electron tunneling)。

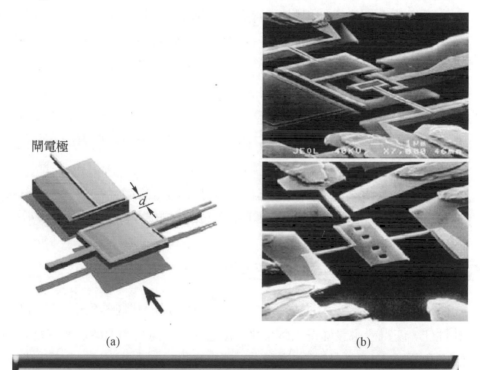

(a)   (b)

圖 4.1　(a)機械式的靜電共振器，由矽絕緣體所組成，此扭轉共振器的轉動，產生一電場，可經由電極量測得知，而當有電子在柵門電極時，電場會改變共振器轉動頻率。(b)第一和第二代的機械式靜電器，由加州理工學院所建造[4]

4-2-1　微機電系統的優點

　　微機電系統是基於物理，化學，機械，材料，醫學等的知識背景，利用現有的半導體製程技術或是精密加工技術(例如：電鑄，LIGA 等)，將已存在的系統或元件，將其微小化的一種製造技術，以期能達到更精密與更好更小甚至應用更廣的需求。微電機系統的特性與優點如下：

1. 當一個機械系統從傳統大小縮小至微機械系統時，因其組成元件尺寸的微小化，故系統的精度將大為提高。

2. 微機電系統的組件相對於巨觀世界的物體，質量都很小，所以可產生傳統製造方式無法達成的元件特性，例如高頻訊號的產生，能感測微小加速度與精密的位移。也因為如此，許多巨觀世界不需考慮的物理特性與環境因素，在此都無法省略。

3. 由於微機械結構或系統體積小，在生產上所消耗的產品原料成本也少，且在製造與整合上，多利用現有的半導體製程技術或是其他的特殊技術，故易於大量的批次生產，大幅降低傳統機械生產方式的成本。

4. 不論微機電系統的微機械結構部分或是整合的微系統部分，其組成體積都很小，方便於更多可攜式產品的衍生與複雜系統的簡單微小化。

○ 4-3　微機電元件之簡介

　　微機電元件可批次大量生產，價格便宜，兼以形狀輕薄短小，自由度大、設計性佳，使得機電設備得以微小化、積體化、智慧化，因此已發展為實用化且商業化的應用科技。目前在實驗室、研究單位、工業界廣泛應用的微機電晶片，前景無可限量。以下僅介紹幾種微機電元件作為代表：

一、光纖耦合光學元件

光纖耦合光學元件的製作方式，先以電腦模擬出光學元件的條紋圖形，再以光學縮影方式，在感光材料上做成光電元件。另一方式，是將電腦模擬出的條紋圖案，先製作出光罩(或以電子束直接將圖案寫在基板上)，將圖案予以曝光方式，在塗滿光阻的基板轉移，以蝕刻方式在基板上製作出。就光纖通訊元件而言，選用適當的被覆方法與被覆材料，則可使光纖通訊系統長久地、可靠地被使用，其中最具前瞻性的製程材料為 PECVD-氧化物、類鑽石與電化學析鍍金屬。

二、微流量感測機電控制元件

微流量感測機電控制元件，於微機電工程及產業自動化工程領域之應用極具重要性。微流量控制元件，包含微閥門和微幫浦，它們是微流量特性控制之成敗關鍵；例如微流量感測元件結構[6]包含了三個微泵浦深腔，做為兩流體輸入及一個混合輸出之用，另外有六個微噴嘴流量控制流道及流體混合流道，可提供生化科技和自動化工業領域精密流控相關應用。

三、非侵入式脈波感測器之研製

非侵入式脈波感測器，可在動脈處作中醫浮、中、沈切脈方式，量測穩定脈波訊號。它是採用精密的放電加工方式，將感測器的零件製作出來，並利用定位卡和一些治具的輔助來封裝[7]。

四、化學晶片

化學晶片[8]是實現晶片實驗室(lab-on-a-chip，LOC)的機電元件，可以說是將一化學實驗室完整的濃縮在一晶片，它本身即具備有樣品前處理、分離、偵測等功能，可望成為未來生化與醫療科技的主流。

五、生物晶片

生物晶片(biochip)可用以執行環境檢測、新藥開發、醫療檢驗、食品檢驗、基礎研究、軍事防禦、化學合成等用途。生物晶片包括，去氧核糖核苷酸晶片

(DNA chip)、蛋白晶片(protein chip)以及基因晶片(gene chip)等。生物晶片運用生化反應、分子生物學、分析化學等原理，以矽晶片、玻璃或是塑膠為基材，其特點是，分析結果具有很高的精確度，且只用少量的樣品及試劑，就可快速的獲得整體大量的檢驗數據。

六、噴墨印表頭

噴墨印表頭的技術非常複雜，必須整合微機電的加工技術及墨水通道設計、精密加工及組裝、墨水、膠及背壓等調節機構。噴墨印表頭噴嘴有微加熱電阻片，瞬間加熱墨水匣內的墨水至沸騰，利用膨脹氣泡的力量，將墨水由發射腔(firing chamber)噴出以進行列印。

七、膠囊內視鏡

膠囊內視鏡只有 11×30mm 大小，約等於一顆魚肝油丸的大小，前端有鏡頭及攝影機、內含影像感應傳送器和電池，受檢者喝口水吞下，膠囊內視鏡即可進入人體腸胃進行攝影，影像將傳給受檢者身上佩帶的移動式影像數據接受器，紀錄一段時間後，將此接受器交由醫師判讀影像。人體的小腸蜿蜒長達 3 公尺，一向是醫學檢查的死角，膠囊內視鏡可用於診斷小腸出血，小腸病變可清楚現形，而膠囊內視鏡在二十四小時後可隨糞便排出。膠囊內視鏡是微機電技術，它使用飛彈鏡頭般的技術，已得到美國食品藥物管理局核准使用，在國內亦有應用的案例。可以想像，未來微機電技術可以讓微機器人進入人體進行醫療，就如同電影「驚異奇航」情節一般，控制超迷你的小艇在人體內器官間游走。

● 4-4　微機電系統的製造技術

半導體製程概分為三類：1.薄膜成長，2.微影罩幕，3.蝕刻成型。而微機電元件的製造技術，則是利用半導體製造技術為基礎，再加以延伸應用，其製造技術的彈性與變化比一般的 IC 製造技術來的大，從薄膜成長，黃光微影罩

幕，乾濕蝕刻成型等製程，都在微機電製程的應用範疇。同時配合其他新發展的精密加工與矽微加工技術，包括異方性蝕刻、電鑄、LIGA 等技術，而呈現的微機電元件的新製造技術。整個微機電系統的完成，則是靠各個關鍵元件的整合，而最後系統的封裝測試，也是重要的步驟。以下，由製造技術做一簡單的介紹[1]。

一、薄膜成長

它是在已清潔的矽晶圓上，成長半導體或介電(dielectric)薄膜，作爲電性導通或隔絕的材料，通常爲了品質的要求，製程溫度會控制在攝氏 1000 度左右，此型製程機器常被稱爲高溫爐管(high temperature furnace)。又按著不同的化學反應，爐管有氧化(oxidation)、低壓化學蒸氣沉積(low pressure chemical vapor deposition，LPCVD)、常壓化學蒸氣沉積(atmospheric pressure CVD，APCVD)、磊晶(epitaxy)等之分。高溫爐管通常允許 50 片或更多的矽晶片，進行批次性的加工，成本極爲經濟。另外常用來沉積金屬薄膜的是蒸鍍(evaporation)，與濺鍍(sputter)。

二、微影罩幕

以薄膜成長法之薄膜係均勻地成長在矽晶片上，另外必須以光蝕微影法(photo-lithography)，來進行平面圖形化(patterning)。其程序是先塗敷一層感光性極強的光阻(photo-resist)，輔以光罩(photo-mask)進行對準(alignment)、曝光(exposure)，最後顯影(development)、烤乾(hard baking)。對準曝光可在曝光機(mask aligner)或步進機(stepper)上，以紫外光(UV light)進行之；也有直接以電子束書寫機(E-beam writer)，一點一點進行曝照。顯影係將曝光區域之光阻洗去或留存，剩下之光阻圖形在烤乾後，即可作爲下一道蝕刻之遮幕或掩膜(etching mask)使用。基本上，微影是半導體製程中常用的昂貴步驟，因爲必須一片一片進行，無法批次製作。

三、蝕刻成型

在所需要圖形之光阻保護遮掩下，矽晶片可浸入腐蝕酸液中，進行薄膜之濕蝕刻(wet etching)。傳統之化學蝕刻，通常在清洗槽中操作，機具成本低廉，但加工側向誤差大。較先進之腐蝕，是利用電漿(plasma)之乾蝕刻法(dry etching)，優缺點恰與濕蝕刻法互補之。

以上三個步驟，算是完成了半導體元件一層結構之製作，其他數層或數十層之半導體或金屬結構，也將如法泡製。若每一層結構，都盡如設計般連接，該晶片製作可算初步成功。

接下來的矽半導體之矽微加工技術，也是基於半導體製程技術，但把矽半導體視為一機械性材料，進行切削或堆疊，又可分為塊材微加工技術、面型微加工技術以及 LIGA 技術三種加工技術[5]。

一、塊材矽微加工技術(bulk silicon micromachining)

塊材矽微加工技術，就是把矽晶片等材料當成一塊加工母材，來作蝕刻切削的加工技術。常用的材料為矽晶片及玻璃，利用這些材料製成零件後，可因零件之加工處理，如摻雜，而有接合溫度限制；或因含有電子電路，而有接合溫度及電場限制。若利用高溫來增強接合強度，在降回室溫時，不同材料會有熱應力產生，因而導致元件破裂及良率降低。在特殊用途的元件，常有材料上的限制，例如電泳分離晶片，使用高電壓，必須採用絕緣材料如玻璃，因而在接合方式不同。在蝕刻方面，主要還是以濕蝕刻為主，而加工之尺寸，約在 mm 至數十微米的範圍。深度由數十微米至晶片厚度(蝕穿晶片 400～700 微米)不等。

二、面型矽微加工技術(surface silicon micromachining)

面型矽微加工，是比較接近積體電路半導體製程的作法，主要是利用蒸鍍、濺鍍或化學沉積方法，將多層薄膜疊合而成，此種方法較不傷及矽晶片。因為任何微機械結構，都是以薄膜沉積製作，所以不管是加工的精確度或者是

解析度，面型微細加工技術都遠勝於塊材微加工技術。因此在整合晶片電路 (on-chip circuitry)與微結構(micro-structure)或微感測器(micro-sensor)方面，面型微加工都比塊材微加工法佔優勢。但是此兩種方式，在微機電製程技術中的優劣，要看所要製作元件的特性與方式，有時甚至可將此兩種方式結合為一。

三、LIGA 技術

微光刻電鑄造模(LIGA process)是另外一種加工技術，其中 LIGA 是德文字 Lithographie Galvanoformung Abformung 的縮寫，主要是綜合光學、電鍍、模造等三項技術來製作微機械元件。LIGA 技術是由德國所發展出來的，以 X-ray 為主的光蝕刻技術，利用製程圖形的光罩或光阻，選擇性地保護工件表面後，以各種不同光源蝕刻未被光罩或光阻覆蓋的部分，再結合電鑄翻模與射出成型技術，而得到欲加工的幾何形狀。LIGA 技術可以得到高寬深比的微結構，所應用的材料種類也較廣泛。

○ 4-5 微機電系統的應用

微機電系統(MEMS)的應用有：壓力、溫度、化學和磁場感測器；加速度計、迴轉儀元件；航太產業、醫學用品；感測器、致動器和控制流體的微閥；可變式電容器、可變式誘導器、微射頻開關；化學與生物分析微系統；流體混合與傳輸系統；生物／化學反應器；微機電系統為主的顯示器系統；光纖零件與開關；光學應用的致動器；和微機械光學平台晶片[10]。接下來，只簡單說明兩種應用。

4-5-1 微機電系統於人工義肢的應用[11]

長期以來人工義肢[11]，由於工程技術與相關輔助系統的無法提昇，使得各項復健研究受到阻礙，例如量測截肢者殘肢與義肢承套界面間之應力感測器

體積過大、個數太少，導致無法精確得知應力分布情形，進而難以了解義肢穿戴者不適的來源，更無法提供義肢製造師修補承套形狀的依據。

承套／殘肢界面是影響病人能否接受一個義肢的一個重要因素，承套的設計，必須考慮截肢的部分以及縫合的狀況。然而臨床上，多半藉助義肢師的經驗來製作承套，若想大幅改善義肢穿戴者的舒適度，則有必要量取承套殘肢界面上的應力分布，以便大幅提高承套設計的水準。一般利用傳統的壓力感測器或應變規，量測承套殘肢界面上的應力分布，但是由於傳統的感測器體積大，無法安裝足夠數目於承套上，因而只能量測到概略的應力分布。因此，極需發展微小、成本低、適合與軟組織接觸的感測器，而其中的微壓力感測器便是 MEMS 的產品，如此體積微小的微壓力感測器，便可以陣列式排列環繞在承套殘肢界面上，精確量測出整體的應力分布。

近幾年來，隨著 MEMS 發展之成熟，使得復健工程能更進一步的發展，主要是由於 MEMS 具有體積小、質量輕、大量製造成本低、性能佳等優點，例如視覺義肢：利用類似上述陣列觀念的微電極陣列，就是以 MEMS 的微加工製程技術製造出，可供視網膜電刺激的一種復健裝置。

4-5-2　微機電系統於航太產業的應用[12]

MEMS 就是微米級裝置，它將新奇的感測與致動功能，與傳統的資料處理及控制系統相結合。大體上它都是利用半導體產業所發展的相同製造與封裝技術，並以矽化合物或金屬基材質製成。比較獨特的是，它們也整合機械或結構元件，諸如加速計、微鏡片或電子裝置如微處理器和射頻(RF)發射器。它們也可以包含流體、光學、電磁和電耦極等系統。

MEMS 的各種特性可以具有不同的優點，對於應用在太空衛星、微飛機或在戰場上，可由單兵所攜帶的裝備來操作。MEMS 的輕重量和低能源消耗，有著獨特的吸引力。矽晶是非常強壯堅固的材料，其破裂極限甚至高於大多數的鋼，但是其密度卻非常低，亦即重量可以很輕。未來可以發展的產品包括微

加速計、慣性量測組、整合式導引與導航電子組、微陣列雷達組件、監視用微感測器、微機械感測器和制動器，以及應用在發動機的壓力感測器、溫度感測器、應變感測器、紊流和化學感測器等。

而且即使大型的結構體，諸如飛機都可因 MEMS 而受惠，例如微機械感測器和致動器，可以在後掠角度大的三角翼前緣，修正其所產生的渦流，從而產生足夠飛行控制所需的動量。在高攻角時，渦流貢獻升力至少達 40%，而彈性表層所含有的剪應力感測器可以偵測到瞬間流體剝離線，微致動器即可運作控制氣流在邊界層內的剝離區域，從而改變漩渦結構，使其產生飛機操控所需的俯仰/滾動/橫搖力矩。若由傳統的控制翼面達成，則需液壓或電控系統，而微致動器僅需折動 1 至 2 公釐，就可達到所需的結果。

● 4-6 奈米機電系統的優點[13]

奈米機電元件，對於極小的位移和極小的力，特別是針對分子等級的量測，有著革命性的改革。奈米技術已經可以製作出百億分之一克(10^{-10})的質量及截面積 10nm 的奈米元件[4]。這樣的製造技術，對於基礎量測及特殊技術的應用，有著重大的貢獻。

機械系統的自然角頻率(natural angular frequency) ω_0 的計算公式 $\omega_0(k_{eff} / m_{eff})^{1/2}$，其中 k_{eff} 是有效彈簧係數(effective spring constant)；m_{eff} 是有效質量(effective mass)。有效質量 m_{eff} 正比於 L^3，而有效彈簧係數 k_{eff} 正比於 L。當等比例地縮減儀器的尺寸，自然角頻率 ω_0 則等比例地增加。

此說明了欲達成快速響應，不需要增強結構的剛性，縮小其尺寸即可。奈米機電元件的優點[4]分述如下：

1. 以最進步的 10nm 級的奈米蝕刻技術(nano-lithography)，可製造出基礎頻率高於 10GHz 的共振器，這樣高頻的元件是空前的，它包括了微波

頻率的低耗能機械式訊號及新型式的快速掃瞄探針技術，除可應用於基礎研究，甚至可做為機械式電腦研發的基石。

2. 奈米機電系統(NEMS)的第二個優點是，系統的能量逸散非常低，而這特徵與系統的 Q 品質共振因子(Q factor of resonance)有關。因此，NEMS 對於外部阻尼機制非常敏感，於感測器的製作非常重要。除此之外，強生雜訊(Johnson noise)的熱機雜訊(thermo-mechanical noise)反比於 Q 值，因此，高 Q 值對於共振性的和偏移性的感測器，以及抑制隨機機構上的振動有極高的貢獻，因此會使得這些 NEMS 元件對外力的敏感度提高。NEMS 元件本質上是低耗能的元件，這項量度可由熱量除以共振時間來決定。舉例來說，當溫度在 300K 時，在 10^{-18} W 等級的 NEMS 只會被溫度擾動所影響。因此在 10^{-12} W 級下驅動的 NEMS，其訊號對雜訊比(signal-to-noise ratio)會達到 10^6。即有一百萬個這類型的儀器，同時在 NEMS 訊號產生器上操作時，整個系統的總能量散失不過是百萬之一瓦。NEMS 在能量上低耗損的特性，與傳統上藉由電子來回穿梭的電子微處理器的不同，基本上來說，NEMS 的能量耗損是遠低於後者的。

3. 超小的有效質量及轉動慣量，這使 NEMS 對於外加的質量，有著驚人敏感度。世人所可以做的最敏感的儀器，可由附著在儀器表面上的數個原子質量所影響。

4. NEMS 的小體積對於空間上的要求相當嚴格，並且，NEMS 的幾何外型可被修飾成只對某一個特定方向上的外力有反應，這項特點非常適合新的掃瞄式顯微鏡探針的設計。

5. NEMS 或 MEMS 的另一項優點是，它可以從矽鎵砷化物或銦砷化物中製造，而這些與其他物質的相容性，正是電子工業的基礎。一些輔助性的 NEMS 感測器元件等，均可與電子元件製作於同一個晶片上。因此，晶片將更趨複雜化，並具有更多的功能[13]。

4-7 奈米機電系統的製程

MEMS 或 NEMS 製程與半導體製程，具許多相似性及相容性。製程可以四個步驟表示：

1. 用一個異質結構(hetero-structure)，它包含三個部分，由上而下分別為結構層(structural)、犧牲層(sacrificial)和一個基材層(substrate)。

2. 光罩(mask)部分，是由光學和電子束蝕刻技術做成的記號，並覆蓋一層薄片沉積物保護。

3. 未受保護的部分經由電漿技術蝕刻之。

4. 最後，利用選擇性的定點蝕刻步驟，將犧牲層中特定地區的物質蝕刻，創造一個懸浮的奈米結構。

整個步驟會被重複好幾次，並結合不同的沉積步驟，以製造出更複雜的奈米結構。這樣彈性的製程，可使異質結構的層數達到幾十層，因此，懸浮結構就可更趨複雜化。圖 4.2[9]是以靜電方式驅動碳化矽(SiC)雙邊固定的樑。此為一列平行的矽樑，長度為 1 至 8 μm、寬 100nm、厚度 200nm。每支的共振頻率都有些許的不同，其中最大為 380MHz。

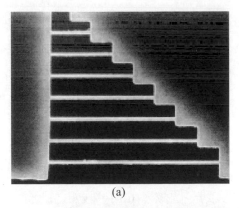

(a)

(b)

圖 4.2　碳化矽(SiC)雙邊固定的樑，寬 150 nm，長 2～8 μm 不等(a)
厚 600 nm，長 8～17 μm 不等於(b)[9]

○ 4-8 奈米機電系統的應用

　　NEMS 的應用範圍很廣泛，在量測學和基礎科學方面，包括用機械方法偵測帶電量，以及熱傳導在奈米等級下的研究，除此之外，一些奈米機電技術的應用正加快腳步中。以下，說明兩個例子。

4-8-1 磁共振力顯微鏡學

　　在這些應用中最突出的要算是磁共振力顯微鏡學(magnetic resonance force microscopy, MRFM)[4]。核磁共振(nuclear magnetic-resonance, NMR)技術是大部分的細胞核，都有一個內部的磁力矩或自旋(spin)，可與外加的磁力場作用。然而，需要 $10^{14} \sim 10^{16}$ 個細胞核，才能產生一個可被量測的反應訊號，這限制了磁共振顯影(magnetic resonance imaging, MRI)量測的解析度。MRI 可達到約 10 μm 的影像解析度，然而一般在醫院中的 MRI，解析度大約是 1 mm。

　　如何提高 MRI 的解析度到能偵測單一原子，只是一個遙遠的夢想。1991年西雅圖華盛頓大學的 John Sidles，利用機械式的偵測方法，可讓磁共振分光儀(spectrometry)感測到單一質子的自旋。達到此一敏感度的等級，需要一個革命性的突破，即要能使單一生物分子能以原子級的解析度，在 3D 下被顯影出來。

　　MRI 目前在醫院裡可以做到的最好的程度，需要 10 的 14 次方到 16 次方個原子核，所產生的訊號才可偵測到，這些原子核的大小約是一個毫米(mm)等級，所以在醫院做腦部細胞掃瞄，它的解析度大約是一個毫米。這限制了一些事情：假使細胞發生異常，在 0.1 mm 大小時是正常的，一直要到一個毫米等級才會被發現，到時可能為時已晚了。NEMS 現在對微小細胞偵測的能力大幅提高，使得 MRI 從一個毫米(mm)進展到一個微米(μm)，假如這腫瘤大小能在一個微米就被偵查到，這大大提高醫療的好處。圖 4.3 中顯示一個原子力顯微鏡 AFM 的懸臂樑，下面有個探針。探針下面放一個奈米顆粒等級的磁鐵。

當磁場一通的時候，人體細胞的細胞核會對磁場反應，與探針之奈米磁鐵反應造成一個反作用力，使得懸臂樑震動。用 AFM 的原理，可以偵測此輕微的震動量，小到 10^{-18} 牛頓。這是微機電加上奈米科技，對人類極大貢獻的例子。

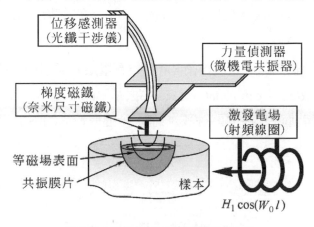

位移感測器
（光纖干涉儀）

力量偵測器
（微機電共振器）

梯度磁鐵
（奈米尺寸磁鐵）

激發電場
（射頻線圈）

等磁場表面

共振膜片

樣本

$H_1 \cos(W_0 l)$

圖 4.3 磁共振力顯微鏡[4]

4-8-2 奈米級機械式電子量測器[14]

奈米機械式電子量測器(electrometer)的電子顯微攝影圖，它包含了三個主要元件：電極(electrode)，用來感受一個微小的電量加入時的吸力；一個柔順的機械元件(compliant mechanical element)，可反應此吸力而移動；和一個位移偵測器，它是一個顯影此動作的工具。這個機械元件是一個二維的扭轉式共振器，有一個彈性係數 G_0 和一個力矩 I，它的基礎扭轉共振頻率是 ω_0，它的機械損失可用品質因子(quality factor)Q=ω_0/w 來參數化，此處 w 是共振響應在最大值一半時的頻率寬度。

此量測儀器包含了三個電極：兩個用來感應和量測結構的機械響應，另一個用來耦合電量(coupling charge)，此耦合現象會改變響應。兩個電極包含了金屬迴圈，勾勒出內外槳片(paddle)的界線，使得相反的金屬閘電極，以距離內槳片 d 的長度，固定在基材上，在閘電極和內槳片之間的共同電容以參數 C

表示。為量測一個小的電量，閘電極將有一逆偏電量 q_0，此電量產生一靜電力 $F_E = q_0 / Cd$。當此逆偏電量 q_0 若再加入一小耦合電量 δq 的改變量，則會有 $f_E = 2\delta q E_0$ 的改變力，此處的 E_0 是平衡電場。總和此兩電量導致有效的扭矩彈性係數為 $G_{eff} = G_0 + g$，此處 $g = -r\delta q \partial E_\theta / \partial \theta$，$\theta$ 是槳片的扭矩角，E_θ 是沿著 θ 方向的電場分量，而 r 是槳片的徑維度。

為了能精確使用電子量測技術，可由監看扭矩共振器中感應電量的改變，以及由電量模數(charge modulation) G_{eff} 共振頻率的改變。若系統品質因子高的話，靈敏度會特別高，使用頻率模數檢測，可獲取較高的靈敏度及較大的測量頻寬。

參考文獻

[1] 邱俊誠，"次世代之明星產業：微機電系統"。

[2] 馬遠榮，91 年 4 月，"奈米科技"，商周出版。

[3] 工商時報 資訊科技，91 年 9 月，"奈米結合微機電增進資源整合之契機" http://www.nchu.edu.tw/~material/nano/nanoinformation11.htm

[4] http://physicsweb.org/article/world/

[5] 2300 科技新聞，"微機電系統(MEMS)之介紹"。
http://www.jone.idv.tw/

[6] 林傳隆，民國 90，"微流控制元件之研製，逢甲大學自動控制工程學系碩士論文"。

[7] 戴佳正，民國 90，"非侵入式脈波感測器之研製"，逢甲大學自動控制工程學系碩士論文。

[8] 陳壽椿等，民國 90 年 6 月 "化學晶片--微感測系統 Chemical Chips -- Microsensor Systems"，化學，59，(2)，287-298 頁。

[9] Yang, Y. T., Ekinci, K. L., Huang, X. M. H., Schiavone, L. M., Roukes, M. L., Zorman, C. A. and Mehregany, M., 2001, "Monocrystalline silicon carbide nanoelectromechanical systems", Applied Physics Letters, 78(2), pp.162-164.

[10] 摘錄自 SPIE 2001 International Symposium on Micromachining and Microfabrication 的論文。

[11] 游李興，工業技術研究院，"MEMS 的創新應用--人工義肢"。

[12] 王聰榮，工業技術研究院，"微機電系統在航太產業之應用"。

[13] 張所鋐，民國 91 年，"奈米機電技術"；奈米工程技術，第六章，李旺龍和馮榮豐主編，滄海書局。

N anotechnology

第 **5** 章

奈米材料

🔵 5-1　前　言

　　奈米材料是指尺寸 1～100nm 的物體，其大小要比應用特性之特徵長度還要小。例如一般材料破裂，都是從極小的微裂縫開始，當物體縮小到與微裂縫相當的大小後，就不會產生微裂縫，其破裂行為將與塊材時不一樣。因此，奈米材料絕對不只是尺寸的縮小，而是因其奈米尺寸的大小，改變了材料的基本性質。奈米材料可以是金屬、陶瓷、高分子甚至是複合材料。奈米材料能展現新穎的光電、磁性、熱學及化學性質是因為：物體包含有限的原子總數，因此趨近由原子物理或是量子物理所預測的性質；較高比例的原子佔據在表面上，因而表面的行為便得較為重要[1]。

　　一種新材料或新技術的出現，總會帶給人們無限的憧憬與期望。目前，最受科技界矚目的奈米科技，就是其中的翹楚。1940 年代電晶體(transistor)的出現，走上舞台時並未獲得大家的注意，相關報導也僅披露於地方性小報上；但 1980 年代逐漸受到矚目的微機電系統(MEMS)技術則受到相當的青睞，當第一個微細加工製作的可轉動馬達出現時，各大傳播媒體大篇幅地報導。隨之而來，人們對奈米科技的發展潛力，存有更高的期待。奈米科技的濫觴相當早，但至 1980 年代末期及 1990 年代初期，奈米科技才逐漸成為一專門領域，尤其是原子尺度觀察及操縱能力於 1980 年代研發出來後，對於奈米科技的發展，更扮演著推波助瀾的角色。及至今日，它的發展速度更驚人，甚至可說達到失控的地步，吸引各界的目光，各個領域及行業，都想涉入或和奈米一詞拉上關係，以提升其附加價值及競爭力[2]。

　　早在 19 世紀，科學家即發現物質是由個別獨立的原子構成。Richard P. Feynman 在 1959 年 12 月 26 日美國物理學會年會的演講中提及，在原子的尺度中我們還有許多的空間(There's Plenty of Room at the Bottom, 該文登錄於 Journal of Microelectromechanical System, Vol. 1, No. 1, pp.60-66, March

1992)，這是奈米科技最早的呼籲。然而真正的進展與受到廣泛的注意，則是約 20 年後的 1980 年代，此時掃描穿隧顯微鏡(STM)、原子力顯微鏡(AFM)加上高解析穿隧式電子顯微鏡(HRTEM)的成功發展，可以真正觀察到表面及固態奈米材料的各種結構，並成功的操控原子，才進入原子級材料研究的熱潮。

　　奈米材料的範圍非常廣泛，從自然界到人造的各種材料。自然界中的例子，如許多細菌或是生物辨別方位的方法，即是靠著生物體既有的單磁區奈米顆粒(Fe_3O_4)。這些自然界的現象，可以作為人類製作奈米材料的樣版，也可以學習仿照，將之應用於人體的器官內。至於其他無機材料方面，從 1960 年以金屬奈米粉末開始，1980 年做到只有 100 顆原子組成的奈米團簇，1990 年量子點重新發現，1991 年一維奈米碳管的發現，最近十多年則是各種維度、各種奈米結構相繼發現。

　　奈米材料的研究範圍涵蓋有零維的奈米粉末、奈米顆粒、奈米團簇、量子點等；一維的奈米線、奈米帶、奈米管、量子線；二維的各種物理、化學性質的奈米薄膜，如巨磁阻磁性薄膜、發光及微機電的奈米鑽石薄膜，及半導體量子井結構等；三維的奈米結構，如多孔洞薄膜、顆粒，奈米晶粒；奈米複合材料，如奈米高分子夾層、不同奈米材料堆疊之複合材料等。

● 5-2　奈米材料的性質[3]

　　奈米材料由於組成粒子相當微小，其結構特徵不同於傳統晶體材料之長程及短程有序結構，也不能以一般缺乏長程及短程有序的 "似氣體(gas-like)" 結構加以描述，因此展現出不同於塊體材料(bulk materials)的物理、化學性質及行為[4]。由於組成粒子體積縮小，在整體上除可減少元件尺寸，對於提升元件的密度、降低單一成本，增進元件性能與容量，有相當大的貢獻。另一方面，結構上的微小化特徵，造成量子現象，使材料的特徵尺寸，降低至奈米大小時，尤其接近特定性質(如光學、電學、磁學等)之臨界尺度時，量子效應(quantum effect)愈顯著，材料展現不同於傳統材料的新奇性質及更優異的性能。其與塊材相較，主要性質差異包括小尺寸效應、表面積效應、量子尺寸效應、巨觀量子隧道效應等四方面。

奈米材料的製備，主要分爲物理及化學方式兩種。物理方式，通常利用微影蝕刻(lithography)、乾濕式蝕刻(etching)等蝕刻方法，即是由上而下(top-down)的方法來製備奈米粒子。光蝕刻法的極限約在 0.07 微米左右，而利用離子束(ion beam)或電子束(electron beam)，可以改進蝕刻精度極限，縮小至 0.01 微米，但要製備比 0.01 微米更小的奈米尺寸材料，就必須改變蝕刻技術的方法。化學方式，通常所用的方法，是由下而上(bottom-up)的方法，也就是以原子或分子爲基本單位，利用溶液微胞侷限、電解、生物模板、溶膠-凝膠、化學氣相沉積(chemical vapor deposition，CVD)等方法，漸漸往上成長成奈米粒子。

於物理性質或是化學性質，奈米材料的性質均與塊材(bulk materials)有著相當大的差異性，將分項說明[3]：

1.　小尺寸效應。當奈米粒子的尺寸縮小至與傳導電子的 de Broglie 波長相當或更小時，週期性的邊界條件被破壞，使其物理、化學性質發生很大變化。例如：光吸收特性顯著的增加，一般奈米金屬粉體並無塊材般的金屬光澤，而呈現黑色。另外，頗多物理狀態發生轉變，如磁有序狀態轉爲磁無序狀態，或超導相向正常相轉變。更有甚者，一般認爲材料的基礎物理性質，在降至奈米尺度時，明顯不同於傳統材料。如奈米金屬的熔點大幅降低的現象，如圖 5.1 所示金(gold)顆粒的熔點隨其直徑減小而降低，至 2 奈米附近更大幅下降至 500°C 以下。

2.　在催化性質方面，由於奈米粒子體積非常小，在材料表面的原子數與整體材料的原子數比例，就顯著增加，而固體表面原子的熱穩定性與化學穩定性，都要比內部原子要差的多，所以表面原子的多寡代表了催化活性的強弱，即大表面積是一個好觸媒材料的基本要素，如 Fe/ZrO_2 奈米觸媒，可提升 $CO+H_2$ 反應成烴類的催化能力。

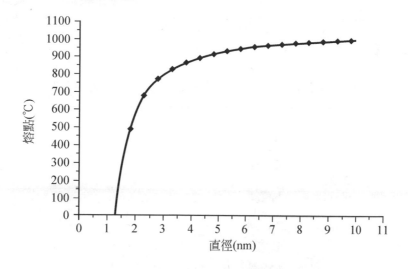

圖 5.1　金顆粒的熔點與其直徑的關係[5]

3.　表面積效應。奈米材料在表面的原子數與總原子數之比例，隨粒徑變小
　　而急遽增大，將導致其性質隨之大幅變化。如圖 5.2 所示，以相同大小
　　的原子進行顆粒堆積，隨著堆積之原子總數減少，所堆積之層數亦減
　　少，但其表面原子數佔總原子數之比例，卻大幅揚升。另一方面，如以
　　相同直徑之原子堆積顆粒，如表 5.1 所示，如果所堆積之顆粒直徑大小
　　不同時，隨著粒徑降低，其所需原子數目減少，但表面所佔原子數目的
　　比率卻大幅增加。由於佔據表面的原子數目增加，原子配位不足，產生
　　相當多的懸浮鍵，形成高表面能，使其物理化學性質不穩定。此將造成
　　奈米粒子反應性極強，如金屬的奈米粒子在空氣中會燃燒、陶瓷的奈米
　　粒子在空氣中極易吸附氣體或和氣體反應。

4.　量子尺寸效應。以金屬粒子而言，當粒子尺寸下降至相當小時，費米能
　　階附近的電子能階，由準連續能階變為分立能階的現象，此稱為量子尺
　　寸效應。20 世紀中葉，日本學者 Kubo 針對超微粒子的研究，提出相鄰

電子能階與粒子直徑的關係：$\delta = 4/3(E_F/N)$，其中 E_F：費米能階，N：一個粒子所含導電電子的總數目。

完整殼層群		總原子數	表面原子(%)
1 殼層		13	92
2 殼層		55	76
3 殼層		147	63
4 殼層		309	52
5 殼層		561	45

圖 5.2　以原子堆積顆粒，堆積所用之原子總數與表面原子數所佔比例之關係[5]

表 5.1　以相同直徑的原子堆積顆粒時，其粒徑降低與表面原子數所佔比例增加的關係

粒徑(nm)	包含原子總數(個)	表面原子所佔比例
20	2.5×10^5	10
10	3.0×10^4	20
5	4.0×10^3	40
2	2.5×10^2	80
1	30	99

一般固態物理在討論能帶結構時，將金屬的費米能階附近電子能階視爲準連續性(quasi-continuous)，這點對於巨觀粒子是合理的，因其總電子數目相當龐大。但，對僅包含有限個導電電子的奈米粒子而言，此時 N 是有限值，因此能階不能再當作連續，將形成分立或離散(discrete)的能階。

另外，如圖 5.3 所示 對於巨觀半導體塊材而言，其能階是連續分布的，隨著結構維度的降低，即表示電子運動方向受到侷限，由三維的塊材(bulk materials)變爲二維的量子井(quantum well)結構、一維的量子線(quantum wire)、準零維的量子點(quantum dot)結構，至此尺寸，電子在三個維度皆受限制，即當奈米粒子或量子點的粒子尺寸下降至相當小時，其電子運動範圍受侷限，費米能階附近的電子能階，由準連續能階逐漸變爲離散能階的現象更加明顯，此稱爲量子尺寸效應。

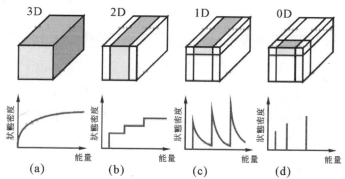

圖 5.3　不同維度尺寸材料的能階狀態密度與能量關係圖
　　　　(a)塊材(b)量子井(c)量子線(d)量子點[5]

5. 在光學性質上。如前所述，當材料尺寸小至某一程度，也就是粒子小於塊材的激發半徑(excitation length)，此時奈米材料會有量子限量化的效應(quantum confinement effect)，量子點會像原子與分子一樣具有不連續的能階，能隙(energy gap)會因粒子大小而不同。這代表了它們可在光學

性質上，亦有不尋常的差異。另外，由於奈米粒徑小於一般紫外光、可見光或紅外光波長，造成粒子對光的反射及散射能力大減，例如 Al_2O_3、$\gamma\text{-}Fe_2O_3$、TiO_2 等奈米材料，均可作透明及隱身的材料。

6. 在磁性方面，奈米鐵、鈷、鎳合金具有強的磁性，其磁紀錄密度可達 4×10^6 至 $40 \times 10^6 \, Oe/mm^3$，且其訊雜比極高。此外，$Fe_3O_4$ 奈米粒子間磁性的互相干擾性極弱，若利用適當的表面活性劑，將其分散於液體時，可成為強磁性的磁流體，可應用於鐵性雜質的連續分離。

7. 在複合材料方面，由於奈米材料的加入，可以提昇材料的剛性、抗拉、抗折、耐熱、自身防燃性等性質，例如，加入少許粘土於尼龍與聚亞醯胺，可以使吸濕性改善，可降低一半水氣的穿透性[6]。

8. 在感測方面，由奈米粒子所製成的感測器，表面活性增加，訊號敏感性變強，因粒徑小導致孔隙度縮小，訊號傳遞迅速不受干擾，大大增強訊雜比。

9. 在電子傳遞方面，例如半導體量子線會有電導量子化現象，使傳統導線的歐姆電阻觀念不再適用。奈米級的絕緣層性質，也因電子穿隧現象 (tunneling effect)而失去絕緣功用。超微小結構的電容量非常小，只要一個電子就會改變它的電位。綜觀言之，奈米材料有著與眾不同的物理與化學性質，當材料進到奈米級尺寸時，原本運用在元件上的物理性質即會失效，例如絕緣層會有電子穿隧現象，破壞電晶體閘極(gate)絕緣的功用。奈米材料會因表面原子數比例增加，活性增大使得熱與化學性質變差，這些都是未來應用奈米技術所必須克服的問題。

奈米科技受到相當的矚目，最主要的原因是，量測儀器的進步，使物質小到相當程度時所發現的特殊現象，證實是與奈米尺寸有關。這些特殊現象，並不容易由過去宏觀現象察知，例如，在常溫為惰性的飾品黃金，在尺寸小到 5nm 時，活性卻很高，而它的顏色也不再是黃金色，熔點也由 1063℃降至 700℃以下；又如，彩色濾光片，色料

的顆粒由 100nm 降至 25nm 時，其顯色強度會增強 75%，光的穿透力亦由 40% 提升到 90%。由上述的例子可知，新特性的發現，將衍生新的應用創意，對產業界也可能造成革命性的影響[1]。

10. 巨觀量子隧道效應(quantum tunneling effect)。微觀粒子具有貫穿勢壘(potential barrier)的能力稱之為穿隧效應(tunneling effect)。近年來，所發現的一些巨觀量，例如：微顆粒的磁化強度，量子元件中的磁通量等亦具有穿隧效應，這些稱之為巨觀的量子穿隧效應。早期曾用此來解釋，超細鎳(Ni)微粒，在低溫繼續保持超順磁性(para-magnetic)的理由。巨觀量子穿隧效應的研究，對於基礎研究及實用上的應用都有重要意義，它限定了磁碟(magnetic disk)資訊貯存的時間極限。量子尺寸效應及穿隧效應，將會是未來微電子元件的基礎，它確立了現存微電子元件進一步微型化的極限，即當微電子元件進一步細微化時，必須考慮此量子效應。

● 5-3 奈米材料的研製

奈米材料因奇異特性，引起科學界廣泛的注意，主要是因為奈米材料不論是在基礎物理的瞭解，或是實際的應用上，都是甚為吸引人的。在這些原子尺寸的材料中，會產生許多有趣的物理現象，其中大部分都尚待研究和瞭解。比如在超薄磁性多層膜中出現的垂直異向能、巨磁阻、震盪式層間耦合、自旋的穿隧現象，均是極吸引人注意的課題。另外如量子點和原子線系統中的量子和單電荷輸運，以及奈米微管的手性電導現象，不僅極為有趣更開闢了製造超小、快速、低耗能電子器件的前景。奈米尺度的材料結構，如量子點，量子柱及量子井，在電子、光學、機械及熱傳導性質上，均與塊材有所不同，因此可以開發出種種新型的功能出來。

一、奈米孔洞材料

隨著微型化技術的發展，半導體與金屬材料的製造過程，已進步到奈米尺度。空間維度上的壓縮可製造出量子點、量子線與量子井等不同維度的材料。排列上的規則度，則發展出各種超晶格結構(super lattice)。這些材料的尺度，介乎原子分子尺度與巨觀尺度之間，因而稱之介尺度(meso-scale)。介尺度物質與巨觀尺度物質比較起來，有許多新的物理現象，例如電子被限制在一個足夠小尺度半導體內運動時，它碰撞參雜物的機率很小時，量子同相效果(quantum coherence)會出現。當許多小的量子點，經分子導線聯結成超晶格結構時，它的電子物理行為將是全新的。若介尺度材料作周期性排列，其光學性質可能會產生選擇性頻率的穿透，稱之為「光晶材料」。這方面的研究已形成最近十年凝態物理研究的新方向，將對未來光電材料技術有長遠的影響，是21 世紀重要核心技術。

無論是半導體或光晶之介尺材料製備，都是用「由上而下」(top down)的蒸鍍與蝕刻方法來製作。但這些方法有尺度限制，大約只能到 100nm，而且很難做三維的結構排列。另一方面，化學家採取「由下而上」(bottom up)的方法，由分子逐步建構到奈米尺度的結構，比較有機會突破尺度的限制。這一方面，可以用分子自我組合的原理，以界面活性劑或高分子作為孔洞模版試劑，與無機化合物可自我組合成，各種奈米尺度週期性排列的複合材料；再進一步處理成含週期性孔洞的多孔材料，若再摻入導電分子與量子點，組合出週期性排列的超晶格量子點。另外，孔洞內也可回填入半導體或超導體物質，以製備量子點與量子線。這些孔洞材料在光學、燃料電池、以及催化反應的應用，都是 21 世紀的高科技工業與能源科技的研發重點。

二、奈米光電材料

隨著科技發展，微型化技術日益重要，在過去的高科技工業中，利用光刻技術，創造了微米電子時代。最近的發展，更將光刻技術推展至 0.1 微米的波

長限制。為尋找尺寸在 0.1 微米以下的替代方案，來承繼發展成熟的微米技術，因而有奈米技術的誕生。

在電子工業中，光電技術佔有極重要的地位。隨著奈米技術的發展，奈米光電材料的研發日漸重要。在微米電子時代，由於電阻特性的限制，可應用的材料需擁有電荷傳輸率較高的材料，例如矽晶等，許多電荷傳輸率較低的，例如有機材料，均無法應用。但隨著線路體積的降低，有機(或碳基)材料的可用性日漸提高，最明顯的例子有，柯達公司的 OLED 二極管，國際商業機器(IBM)的高分子和奈米碳管半導體元件，奈米碳管在場發射上的應用，與高效率的有機光伏元件等。

在微米電子時代，由於線路尺寸在 100nm 以上，材料的量子效應並不明顯。但當進入奈米範圍以後，材料的量子特性逐漸浮現，尺寸大小不同的相同材料，卻有著不同的物理特性與化學特性。例如原來是良好導體的金屬，當尺寸減少到幾 nm 時，卻變成了非金屬；而原來是典型的絕緣共價化合物，當尺寸減少到幾 10nm 時，就因電阻率降低而失去絕緣效果。除電子特性外，其他奈米材料特性，包括表面與界面特性，磁性和光學特性等，均與宏觀材料有極大的差別。因此，在奈米範疇中，材料合成與尺寸大小的控制，顯得非常重要。特別當材料尺寸縮小至 10nm 範疇時，精細的合成技巧，變成控制物質特性的重要手段。化學結構與物理特性間的關係，是一個嶄新的研究領域，而化學界在材料合成上有著重要的責任。

三、奈米科技新世代能源

能源和環境是 21 世紀人類面對的兩大問題，如何提高能源利用效率，同時降低對環境的污染和破壞，是人類追求永續經營的目標。奈米材料具有異於塊材的基本化學與物理性質，為能源的擷取與儲存技術的提昇，帶來了新的機會與無限的開發空間。新能源的開發首重永續能源的利用，而新儲能材料的開發，則要求儲能容量的提昇與內在耗能的降低。

　　燃料電池具有高效率，潔淨，噪音低等優點。對於可攜式電池而言，直接式甲醇燃料電池(DMFC)是非常好的選擇。DMFC 的主要組成部分：如陰陽電極，薄膜電解質，電極形貌及催化效率，和系統層面的設計等都有許多改善的空間。太陽能來自於大自然，具有乾淨、不需採掘、源源不絕等優點，地球平均接受的太陽能，即高達 1.2×10^{17} W。尤其台灣地處亞熱帶，陽光充足，但石油來源卻仰賴國外進口，因此發展替代能源技術與系統，對我國而言實屬相當重要的課題。目前商業化的太陽能電池，均使用無機半導體為材料，相對地，若能開發高效率有機太陽能電池，它將具有製程簡便、重量輕盈、大面積化、可撓曲性等優點。然而，以有機分子或導電性高分子為材料的太陽能電池，發電效率一般偏低，未達實際應用效益。因此，開發新型有機/無機聚合物材料，遂成為太陽能電池領域裡，熱門且重要的研究課題。

● 5-4　奈米碳管

5-4-1　簡　介

　　在材料科學的領域中，已有一些新興的奈米材料開發出來[7]，諸如碳六十，奈米碳管、半導體奈米晶體、中孔徑分子篩等。奈米材料與塊材的差異是，奈米材料隨著粒徑的大小，在許多物理與化學的特性，例如材料強度、模數、延性、磨耗性質、磁特性、表面催化性以及腐蝕行為等，因晶體結構或非晶相排列結構而有所不同。因此，可以將原本無法混合之金屬或其他化合物，加以混合，得到性質較佳之合金，也可以利用奈米粒子，做多方面的應用，例如仿生物材料(Biomimetic Materials)及催化劑等。

於 1991 年時，首先由日本 NEC 公司的飯島澄男(S. Iijima)，由穿透式電子顯微鏡(Transmission Electron Spectroscope，TEM)的分析真正觀測到多層奈米碳管之結構(如圖 5.4 所示)，使得奈米碳管的研究，正式向前邁進[7]。

圖 5.4　[S. Iijima, Nature, 1991, 354, 56] 1991 年，日本 NEC Iijima 博士在 TEM 下發現到碳奈米管的影像圖形

5-4-2　奈米碳管的結構

於飯島博士發現奈米碳管之前，美國萊斯大學(Rice University)的史瑪萊(Richard E. Smalley)教授等人在 1984 年 9 月，發現足球形(足球由 20 個正六角形花樣與 12 個正五角形花樣組合而成)碳分子「富樂烯」(Fullerenes，即 C_{60})。他們覺得該足球形碳分子的樣子，類似建築家佛勒(R. Buckminster Fuller)設計的建築物，而將它命名為「Fullerenes」，如圖 5.5 所示。

圖 5.5　富樂烯有著足球形碳分子的樣子，類似建築家佛勒設計的建築物[8]

　　奈米碳管即是由碳元素所構成的中空圓筒形狀分子，為富樂烯的衍生物。圖 5.6 為碳元素所構成之同素異構物，鑽石為最硬之材料，由 SP^3 混成軌域鍵結而成，平面狀的石墨分子則為 SP^2 的混成軌域鍵結。當石墨平面尺度小至奈米時，具有未鍵結的原子數目比例增加，使得石墨結構變得不穩定，此時石墨會傾向消除未鍵結之鍵而捲曲成中空管狀，石墨面捲曲時需要克服鍵角彎曲之應力，因此奈米碳管和富樂烯為 SP^n 混成鍵結(n 介於 2～3 之間)。類似於富樂烯的球形分子結構，奈米碳管可視為富樂烯之擴充，在中空管狀的兩端，由於碳五圓環結構存在，使得碳管兩端能呈現彎曲之球面結構，管壁上則為六圓環的石墨 SP^2 結構系統。

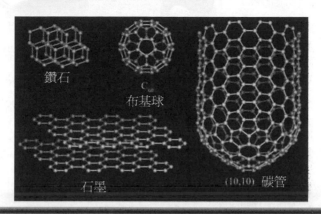

圖 5.6　[S. Iijima, Nature, 1991, 354, 56] 碳的同素異形體鑽石、碳六十、
石墨及單層之奈米碳管結構示意圖

　　根據製程的參數及條件不同，可生成多層的碳管(Multiple Wall Nanotubes,
MWNTs)及單層的碳管(Single Wall Nanotubes，SWNTs)。MWNTs 有兩種不同
的結構，分別是同心圓之多層結構(Russian Doll)及螺旋形之捲曲結構(Swiss
Rol)，由於每一層的奈米碳管其捲曲性的程度與直徑均不盡相同，SWNTs 的
電性較 MWNTs 容易清楚了解，因而造成每一根 MWNTs 的電性都不同。單
層的碳管可能存在的三種類型，如圖 5.7 所示。

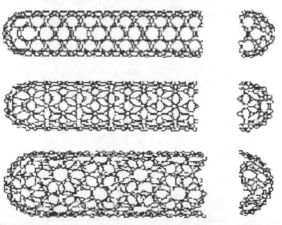

圖 5.7　[S. Iijima, Nature, 1991, 354, 56] 不同捲曲性之單層奈米碳管：最上層
為單臂奈米碳管；中間為鋸齒形奈米碳管；底層為手性奈米碳管

奈米碳管的導電性與其碳管的手性(chirality)及直徑有關,不同的捲曲角度及扭曲角度具有不同的導電性,如圖 5.8 所示。由於奈米碳管可視為由石墨平面捲曲而成,碳管的結構可利用重疊時,兩個六圓環的向量手性標誌(n, m)來表示,如圖 5.9,$\mathbf{a}_1$ 及 $\mathbf{a}_2$ 表示單位向量,手性向量(chiral vector)的定義如下:

$$C_h = na_1 + ma_2$$

手性角的定義則為手性向量 $\mathbf{C}_h$ 及單位向量 $\mathbf{a}_1$ 的夾角。當 m=n 時得到單臂(armchair)的奈米碳管,具有金屬的導電性;當 m=0 時得到鋸齒形(zigzag)的奈米碳管,它則根據直徑,3 分之 1 具金屬性質,3 分之 2 具半導體(單層的奈米碳管直徑為 1.4 nm 時,其能隙為 0.5 eV,手性角為 30°)性質;其餘的為手性的奈米碳管(手性角介於 0～30°)。除了單臂的奈米碳管外,對於其他的手性標誌(n, m)及(n, 0),有兩種可能的特殊性質存在,當 n－m=3p(p 為整數)時,奈米碳管具有金屬導電性;當 n－m≠3p 時,奈米碳管被預測為具半導體導電性。

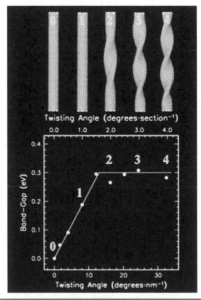

圖 5.8　奈米碳管隨著捲曲角度及扭曲角度具有不同的導電性[10]

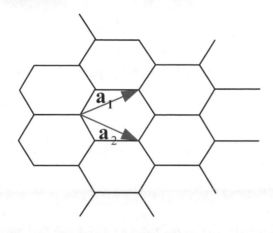

5-4-3　奈米碳管的特性

　　奈米碳管具有一些獨特的性質[7]，使其能成為新世紀中極有潛力的材料，
以下介紹奈米碳管的一些材料特性：

一、場發射

　　近年來多種不同的碳薄膜，被視為新興的場發射材料。它自一完美平整的
金屬表面場發射電子，外加電場 $2500V\mu m^4$ 左右，而以碳為材料構成之表面場
發射電子。因而，單晶及化學氣相沉積鑽石、類鑽碳、石墨奈米晶體與奈米碳
管的場發射性質，成為熱門的研究主題。

　　熱離子發射器(emitter)的構造較場發射電子效應為簡單，只需加熱之鎢絲
線圈或鉭線圈，這些線圈可以穩定地傳輸非常高的電流密度(約 $400Acm^{-2}$)達
數千小時之久。場發射器(field emitter)則可發射高達 $10^6 Acm^{-2}$ 之電流密度，
但場發射器必須具有針尖狀的結構，唯有此種尖端結構，才能創造出具有場發
射的高壓環境條件。並且要發射區域的電場越強，場發射的區域越小，因此單

一場發射器的尺寸通常很小，具有高亮度及微小化的優勢。比較起來，熱離子發射器較不利的是操作溫度太高(950～2500℃)，又不適合微小化。場發射器的微小化，可以在一平面整合數量極多的發射尖端。奈米碳管的導電性佳，且長度與直徑比(稱為 aspect ratio)非常大(＞500)，具有非常好的場發射特性，其啓動電壓可小至 $1V/\mu m$，電流密度可達 $1～3A/cm^2$，多層奈米碳管的功函數約爲 5eV，場增強因子 β 爲 400～700；單層奈米碳管的功函數約爲 3.7eV，場增強因子 β 爲 700～1000。

二、機械特性

由許多的研究指出，奈米碳管具有高張力模數(約 1Tpa)，也具備有機械強度的特徵。我們讓奈米碳管震動，並按壓它，由這時所生的反作用力等，可以求出它的機界強度爲 50 十億帕(Gpa, gigapascal)。飯島博士表示，這個強度爲「鐵強度的 10 倍」。

研究發現奈米碳管能承受極大的彈性變形而不斷裂，如圖 5.10 及 5.11 所示，在圖 5.10 中單層奈米碳管的張力模數爲 15 GPa，這使得碳管可以成爲儲存或吸收能量的材料。直徑小於 1nm 的碳管具有較高的剛性，而直徑大於 25 nm 的碳管由於凡得瓦(Van der Waals)吸引力，導致徑向變形而趨於平坦化，直徑越大的碳管變形的趨勢越明顯，如圖 5.12 所示。

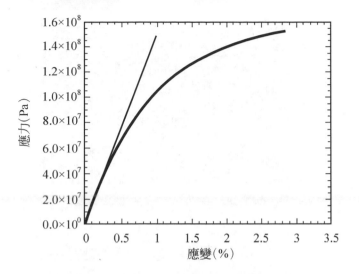

圖 5.10　單層奈米碳管的應力與應變關係圖[12]

圖 5.11　奈米碳管受力時的變形狀態，奈米碳管具有極高的彈性[13]

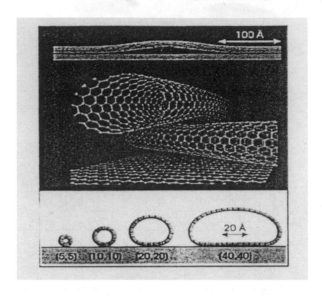

　　Nardelli 等人[11]經由計算推論，奈米碳管在高應變與低溫的狀態下呈現脆性，而低應變與高溫下之單臂碳管呈現高度的延展性；對於 n＜14 的鋸齒形碳管，其材料性質展現了部分的延展性，至於 n 值較大的碳管，則為完全的脆性。

　　綜合上述報告可得，奈米碳管極具彈性，在承受極大之應變後仍可恢復原狀，沒有脆裂、塑性或原子重排的現象產生。

三、熱穩定性、熱導性及熱膨脹性

　　完美的奈米碳管主要以石墨六圓環為主，所有管壁上之碳原子皆為 SP^2 混成軌域，表面沒有未鍵結之電子，因此具有高度的化學穩定性。利用熱重分析法，研究在空氣中奈米碳管及碳六十的熱穩定性，發現在 700℃時奈米碳管開始失去重量(由應力較大之五圓環開始)，至 860℃時奈米碳管完全與氧反應生成 CO 及 CO_2，碳六十則在 600℃時就完全反應完了。一旦奈米碳管管壁為非完美之石墨平面(通常含有 C-H 鍵)，熱重損失則在 400～500℃開始。

因為奈米碳管的結晶性佳，且結晶特性長度很長，有非常大的晶格振動自由徑，熱可藉由晶格的振動有效的傳遞出去，因此奈米碳管的熱導較 pyrolytic 石墨及鑽石好。在室溫時單層奈米碳管(10, 10)的熱導可達到 6600W/m-k，而鑽石在室溫的熱導為 3320W/m-k；熱在石墨的傳遞則相當的差，其熱導比奈米碳管差一個數量級，因為石墨層與層之間沒有鍵結存在，由此可推測多層奈米碳管在徑向的熱導與石墨的熱導相似。

奈米碳管的熱膨脹性與石墨及碳纖維不同，奈米碳管的熱膨脹性為等向性的，因為捲曲的平面在徑向的膨脹受到碳碳鍵結牽制，層與層間的凡得瓦耳力改變所造成的膨脹性並不重要。在碳纖維與有機高分子樹脂的複合材料中，碳纖維的熱膨脹是非等向性的，而高分子樹脂的熱膨脹是等向性的，因此此複合材料，會有熱膨脹不均勻，造成的熱應力問題。這可以使用奈米碳管取代碳纖維，但奈米碳管熱膨脹係數太低，也可能造成與基材間產生熱應力的問題[7]。

5-4-4　如何製作及操作奈米碳管

有關奈米碳管的製程[7]，目前有：

一、電弧放電法(direct-current arc discharge)

以等速並緩慢的將陽極石墨往陰極移動，當電極間距夠小時(大約 1mm)，電極間會產生電弧放電，使陽極石墨棒尖端，因瞬間電弧放電所產生之高溫(約 3700℃)而氧化，在陰極上便可收集到奈米碳管及 Fullerenes 等產物，如圖 5.13 所示。

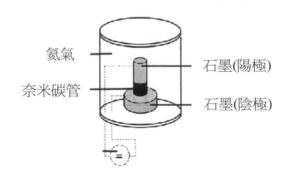

圖 5.13　電弧放電法[15]

二、雷射剝蝕法(laser ablation)

在加熱至 1200℃的石英管中，通入氦氣或氬氣，再用雷射光束激發石墨靶材，使之氧化並沉積在銅收集棒上，所得到的產物包括奈米石墨顆粒，SWNTs 及 MWNTs 等。電弧放電法及雷射剝蝕法製程溫度頗高，通常須加入少量之金屬催化劑，以增加碳管之產量，這兩種方法都可合成 SWNTs，但碳管的單臂、鋸齒形及手性等形式之產物，會共存且易捲曲並糾結一起，如圖 5.14 所示。

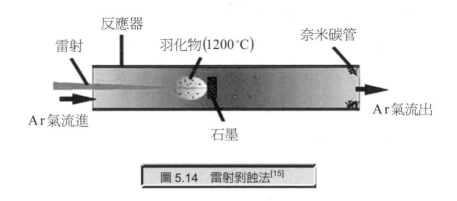

圖 5.14　雷射剝蝕法[15]

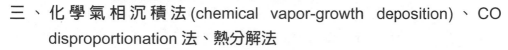

三、化學氣相沉積法 (chemical vapor-growth deposition) 、CO disproportionation 法、熱分解法

此類的方法主要是利用在高溫下,將含碳氣體經由催化劑催化裂解爲碳原子、H_2 或其他氣體,用以合成奈米碳管。化學氣相沉積法從早期開始就被用來合成碳纖維,在 1991 年 Iijima 發現奈米碳管後,便被大量使用來合成奈米碳管,它的直徑要比碳纖維小的多。

1. 化學氣相沉積法,如圖 5.15 所示,是利用催化劑披覆於基板上,再通入含碳之氣體如 CH_4、C_2H_2、C_2H_4 及 CO 等,這些氣體分子在基板上會被裂解成碳,進而反應生長成奈米碳管。一般而言,反應壓力約爲 90 torr,反應溫度爲 400～700℃。在較低溫度下(約 400℃)成長的奈米碳管,整體排列較整齊,但各別碳管的管壁結構彎曲且缺隙多,C-C 鍵結有應力存在;在溫度較高(約 500℃以上)成長之奈米碳管,C-C 鍵結間的應力減小,碳管的結構缺隙也減少,但會損失碳管整體的排列性與管徑均勻性。

    影響奈米碳管的生成,主要原因可分爲觸媒、碳源氣體及基材。碳源氣體大致上使用 CH_4、C_2H_2、C_2H_4 及 CO 等,氣體分子會在觸媒表面分解成碳原子,含苯環的碳源較不適合成長奈米碳管。此外,製程時尚需依所使用之氣體來調控反應溫度。觸媒必須經過前處理成合適的粒徑大小,才能披覆在基板上成長奈米碳管,反應時,溫度及觸媒的活性,亦會影響碳氫化合物的裂解及在觸媒內的擴散速率。如果碳氫化合物裂解速率太快時,觸媒會因石墨層形成包覆,而失去分解碳源的功能。因此,可加入一些可蝕刻非晶碳之氣體,如 NH_3,來提升碳管之品質與幫助其成長;另外,改變觸媒的組成,也可適度的改變觸媒的活性,調控奈米碳管的生長。

奈米碳管的排列與基板的附著力有相當密切的關係。一般相信，碳氫化合物在金屬觸媒表面裂解形成碳和氫氣，碳原子經由觸媒顆粒擴散至另一端，由於碳氫化合物的裂解反應為放熱反應，因此會在觸媒顆粒上造成一溫度梯度，在溫度較冷的一端會析出碳原子以構成碳管。當觸媒被蒸鍍到基板後，會進行奈米碳管合成，因為觸媒與基板的附著力不同，碳管的成長模式也不同，當觸媒與基板的鍵結較強時，觸媒會留在基板上而造成底部成長模式，反之則稱為頂部成長模式。

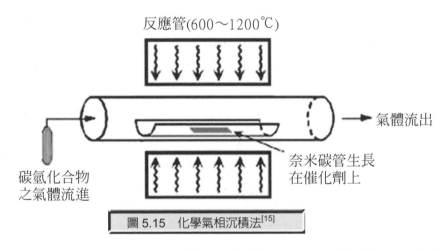

圖 5.15　化學氣相沉積法[15]

2. CO Disproportionation 法，是以 CO 為碳源氣體，用觸媒使 CO 反應生成 $CO_{2(g)}$ 及 $C_{(s)}$，此反應因在低溫時反應速率常數大，由熱力學的觀點，低溫時有利於碳的沉積，且由於 CO 不含氫，在低溫下可合成出懸空鍵較少的奈米碳管。舉例而言，以 Ni-Mg 作為觸媒時，CO 在 200℃ 下即有很快之反應速率，為防止觸媒毒化，可加入適當比例之 CO_2 來調整活性。

3. 熱分解法，使用含催化劑金屬之有機化合物(常為固體)或混合其他碳源氣體，於高溫爐中氣化分解成小顆粒之觸媒，與碳源氣體成長奈米碳

管。使用此方法的好處爲，不需要鍍有金屬催化劑的基板，亦可以連續生產。

此外，製造出來的奈米碳管，可用下述方法操作。例如掃描式探針顯微鏡(scanning probe microscope，SPM)是利用顯微鏡的探針，以最接近觀察對象的極限距離，偵測流經這裡的特殊電流〔即穿隧電流(tunnel current)〕、微小力，而調查出「身爲觀察對象的原子」的凹凸情形。我們只要壓下探針，或在探針上施以電壓將原子吸起，即可操作原子。換句話說，掃描式探針顯微鏡既是顯微鏡，又是操作裝置。目前以這個方法操作奈米碳管，相當常見。

附帶一提，針對量產奈米碳管方面，其必要性隨使用目的而異，如果用作掃描式探針顯微鏡的探針，只需要 1 根碳奈管即足夠；如果作用氫吸收劑(hydrogen absorption agent)、燃料電池(fuel cell)的電極，則需要大量碳奈管，但可不問碳奈管的排列方向；至於用在大型積體電路(LSI, large scale integration)等方面，不僅碳奈管的需要量大，碳奈管還得排列整齊。

5-4-5　奈米碳管的應用

奈米碳管的獨特性質，常成爲近幾年來的熱門研究題材[7]，舉例而言，奈米碳管非常的輕，卻有很高的彈性模數，是相當強韌的纖維，可撓性佳，可重複彎曲的角度非常大，且可保持其結構之完整，具有相當良好的導電性及場發射特性等。這使得奈米碳管成爲明日的新興材料，可運用在場發射顯示器(FED)、儲氫材料、生物醫學電晶片、燃料電池及其他電化學應用、探針(如AFM的探針)及電子儀器材料等。另外，以奈米碳管作爲電子設備中的量子線(quantum wires)也相當被人看好。

一、場發射顯示器

　　目前在顯示器的市場中，TFT-LCD 液晶顯示器、電漿顯示器及 OLED 有機發光二極體，都有相當的研發成效。但 TFT-LCD 液晶顯示器的尺寸，有視角及亮度的問題存在；電漿顯示器的尺寸可做到 40 吋以上，但價格昂貴；OLED 顯示器的穩定度與成熟度，仍尚在努力。因此 25 吋與 40 吋之間的顯示器，則可為 FED 的發展空間，FED 的亮度高、無視角差及低耗能的優點，使得 FED 在醫療器材、飛行儀表等特殊領域中，極有發展潛力。圖 5.16，是韓國 Samsung 電子在 1999 年時所發表的 4.5 吋 FED 顯示器。

圖 5.16　韓國 Samsung 電子在 1999 年時所發表的 4.5 吋 FED 顯示器[3]

1.　FED，如圖 5.17 所示，其構想源自 1968 年 Spindt 發展出的場效發射陣列開始，近年來，由於奈米碳具有非常大的縱橫比及優良的場發射特性，因此多家企業，如韓國的 Samsung 電子、Motorola 等，都積極投入奈米碳管的場發射顯示器(CNT-FED)。但因碳管在輸入極小電壓下，即產生大幅度的電流變化，如何控制基板上數以萬計之碳管發射器，都在相同的電場下，並與陽極保持相同的距離，實在是一大難題。另一方面，

需要克服的是奈米碳管的場發射穩定度問題，場發射電流隨著時間會有20%上下的變化，這個嚴重的問題，有時甚至會有整區碳管剝落的現象，此乃因在高電流時，碳管與基板間產生高熱而無法承受大電流。

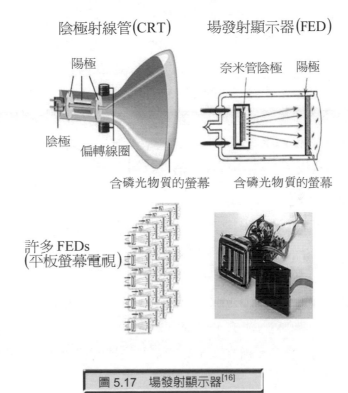

陰極射線管(CRT)　　　　場發射顯示器(FED)

陽極　　　　　　　　奈米管陰極　陽極

陰極　　偏轉線圈

含磷光物質的螢幕　　含磷光物質的螢幕

許多 FEDs
(平板螢幕電視)

圖 5.17　場發射顯示器[16]

　　場發射顯示器技術原理：傳統的場發射顯示器之三極結構，由真空封裝(vacuum sealing)技術將薄膜式的場發射陣列(FEA)所構成之陰極板(cathode plate)，與利用厚膜網印法製作成螢光粉層之陽極板(anode plate)，組合於高真空($10^{-6} \sim 10^{-7}$ Torr)的環境，利用 FEA 所產生電子源，於陽極電壓(3000～8000V)的加速下衝擊螢光粉使其發光，因此 FED 為一自發光顯示器，且具備高亮度、高效率、無視角、省電等優點。薄膜式的 FEA 利用半導體薄膜製程，在玻璃基板上製作出二維陣

列(X-Y matrix)的 FEA，為了提高場發射電流密度，在每個像素(pixel)中排列數以千計的發射尖端，這些發射尖端的材料一般以鉬(Mo)金屬為主，當施加足夠之電壓於閘極與陰極時，因量子穿遂效應，電子即由發射尖端穿越金屬表面之位能障壁進入真空區。

2. 奈米碳管場發射顯示器(carbon nanotube field emission display；CNT-FED)是利用厚膜網印製程及 FED 技術實現 CRT 平面化的可能性，不僅保留了 CRT 的影像品質，並具有省電及體積薄小之優點；同時結合奈米碳管的低導通電場、高發射電流密度、高穩定性等特性，成為兼具低驅動電壓、高發光效率、無視角問題、省電的大尺寸、低成本等優點的全新平面顯示器。

二、奈米碳管鑷子

日本人大阪大學的中山喜萬教授利用 2 根奈米碳管，成功製造出奈米尺度的鑷子。這種鑷子連 5 奈米大的物質都能夾住，甚至還可以處理細胞內部的染色體。

當作鑷子用的 2 根奈米碳管彼此平行，安裝在由矽構成基礎材料上。把電壓施與 2 根奈米碳管，2 根奈米碳管將產生靜電，奈米碳管鑷子就是利用這種靜電來開闔。為了避免電流在奈米碳管鑷子尖端闔起時造成短路，鑷子表面必須塗布數奈米厚的薄膜。

奈米碳管已可用來作為掃描式探針顯微鏡的探針，如圖 5.18 所示，這種探針與用矽等材料製作的探針相比，耐久性既佳，解像力又高。奈米碳管鑷子就是應用這種技術，因此並未喪失身為掃描式探針顯微鏡探針的功能。我們可以先讓鑷子的尖端闔起，使鑷子成為探針，以進行觀察；然後用鑷子夾住我們所要的物質，移動該物質。

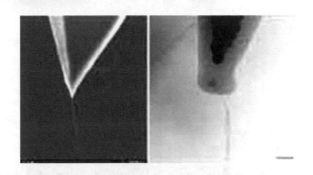

圖 5.18　由哈佛大學化學-生化系的研究群所研究的奈米碳管探針[17]

奈米碳管鑷子不僅可用來操縱物質，還可用來測量質量、電傳導等，它們具備觀察奈米世界、操作奈米世界的多樣化功能。

三、電晶體

飯島博士預測說：「石墨即具金屬性質；像這樣，物質的性質因形狀、直徑而異，真是非常有趣。」於 1998 年，德夫特大學(Delft University)與哈佛大學的研究小組證實了這個預測。

目前使這個性質實用化的研究，正以世界級的規模發展。於 2001 年確認了奈米碳管有電子電路(electronic circuit)基本裝置－電晶體(transistor)的作用。他們還證實，將若干碳奈管加以排列，可製作出電腦基本電路。

四、燃料電池

應用奈米碳管為碳類素材的特性，使奈米碳管實用化也受到期待。碳材料通常如活性碳般，具備表面可吸附氣體分子的性質。目前研究人員已開始研究，如何利用奈米碳管的這個性質，開發可望成為下一代乾淨能源(clean energy source)的燃料電池，如圖 5.19 所示。

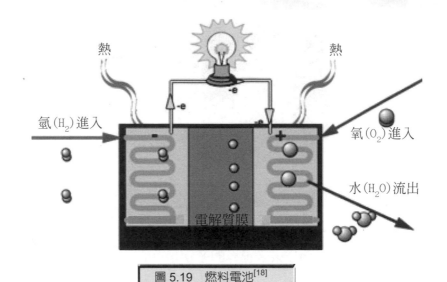

圖 5.19　燃料電池[18]

　　碳奈角(carbon nanohorn)由碳原子構成，大小約 100 奈米，具許多角狀突起。碳奈角的表面積與碳奈管一樣很大，氣體、液體可滲入角的內部，吸附在那裡。NEC 公司於 2001 年，著手開始以碳奈角為電極的小型燃料電池。

　　燃料電池心臟部位的結構，就像由碳黑(carbon black)等碳電極夾住電解質膜。電極可分為接受氫的電極與接受氧的電極，氫碰撞到氫極將分裂成電子與氫離子，所得電子可當作電來使用。氫在氫極分裂成電子與氫離子，是受到鉑(pt, platinum)催化劑的作用。催化劑的表面積一旦增加，氫分裂成電子與氫離子的效率便可望提高，因此將鉑附在碳奈角上，以增加催化劑的表面積。

五、藥物遞送系統

　　1998 年美國賓夕法尼亞大學的研究小組發現「豌豆莢」(peapod)，豌豆莢以碳奈管為素材而受到矚目，這是在單層奈米碳管莢中納入富樂烯的結構。

　　製造豌豆莢，是在石英管中封入富樂烯以及兩端開口的碳奈管後，將石英管加熱到攝氏 500 度，使富樂烯蒸發進入碳奈管。另外利用電弧放電，趁富樂烯生成之際，預先將金屬納入電極，還可製造出內含金屬的富樂烯。製造豌豆

莢也可使用內含金屬的富樂烯。若能應用這種方法，把各種分子封入碳奈管，未來將可利用豌豆莢建立藥物遞送系統(drug delivery system，DDS)。

參考文獻

[1] 劉全璞，91 年 11 月，"奈米材料簡介：自組裝半導體量子點"，微系統暨奈米科技協會會刊，第 8 期，微系統暨奈米科技協會。

[2] 呂英治、洪敏雄、王木琴，奈米材料及奈米製造技術，民國 91 年，"奈米工程技術"第三章，李旺龍及馮榮豐主編，滄海書局。

[3] 陳家俊及藍榮煌，"奈米科技的發展與應用"，臺灣通訊技術專文，http://www.taiwantelecom.com.tw/

[4] 張立德、牟季美，民國 90 年"奈米材料和奈米結構，第二章"，科學出版社。

[5] Klabunde, K. J., 2001, "Nanoscale Materials in Chemistry", John Wiley & Sons, Inc.

[6] 李世陽，"奈米高分子複合材料新發展與應用"。

[7] "奈米碳管簡介"，微系統暨奈米科技協會會刊，第 8 期，91 年 11 月，微系統暨奈米科技協會。

[8] http://210.59.99.25

[9] http://nanotech-now.com/

[10] http://www.research.ibm.com

[11] 成會明，民國 93 年"奈米碳管，第三章"，五南圖書出版股份有限公司。

[12] Vigolo, B., Penicaud, A., Coulon, C., Sauder, C. and Poulin, 2000, "Macroscopic fibers and ribbons of orient carbon nanotubes", Science 2000, **290**, 1331-1334.

[13] Yakabson, B. I., Brabec, C. J. and Bernholc, J., 1996, Phys. Rev. Lett., **76**, 2511.

[14] Avouris, P., Hertel, T., Martel, R., Schmidt, T., Shea, H. R. and Walkup R. E., 1999, "carbon nanotubes: nanomechanism, manipulation, and electronic devices", Appl. Surf. Sci., 141, 201-209.

[15] http://www.mos.org

[16] http://www.mos.org/cst/article/4864/5.html

[17] http://cmliris.harvard.edu

[18] http://www.havepower.com

[19] Nardelli, M. B., Yakobson, B. I. and Bernholc, J., 1998, "Mechanism of strain release in carbon nanotubes", Phys. Rev. B, **57**, 4277-4280.

N anotechnology

第 **6** 章

奈米生物技術

◯ 6-1 　前　言

　　研究微小生物體元件(bio-elements)的奈米級工具及檢測技術統稱爲奈米生物技術(nanobiotechnology)。以尺度而言，一般細胞生物(cellular life)單一細胞尺寸屬微米級(micro scale)，如大腸桿菌，其直徑約 2 微米；長 5 微米，故其內部胞器(organelles)或基本建構元件(building blocks)尺度，大都在奈/微米(nano/micro)級之間，所以奈米生物技術的發展可進一步促成研究微小生物體元件功能及生物微系統運作方式等研究。另一方面藉由對微生物系統的了解，有助奈米生物技術更精細的發展，如此相互爲用的結果將導致生命微小精密的規律被逐一解明，而生命的奧妙也終將完整的呈現。

　　當物理化學將研究對象的尺度微小化的同時，生物研究亦正試圖去了解生物體內已存在數十億年的微小系統。在這樣一個前提下物化研究提供了微小材料及檢測工具，是屬於奈米至生物的研究範疇；生物研究提供了微小系統運作現象，是屬於生物到奈米的研究範疇，兩者間的互動非但缺一不可，更能相互配合運用。目前奈米技術已可操控原子級粒子並研究其微小化下的物化特性，如何配合目前生物學上對分子生物研究的發展進一步了解活體中生物活動(甚至生命)現象，將持續是未來數十年間重要研究課題之一，而這些研究的可行，建構在一個適當尺度的平台上，這個尺度就是奈米。圖 6.1 表達了物化與生物藉由奈米的平台得以相互爲用。試想：解說原子／分子結構的物理，描述分子間特性的化學與延續不同分子活動現象的生物，將在奈米尺度的研究下結合爲一，創造出無限的可能—甚至是另一種生命的型式。

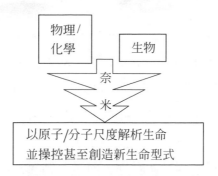

圖 6.1　奈米尺度提供了一個研究物理，化學與生物的共同平臺

　　誠如上所述，奈米生物技術的進展有賴以奈米了解生物／以生物改進奈米的互動趨近(interactive approach)方式來推動，即以奈米技術為工具對生物體作探討，而其研究成果將可用來改良／研發新一代奈米生物技術，進而對生物體有更精準的檢測，並以此方式週而復始的互動。目前奈米單一原子操控仍在平面層次且屬機械式操控，對生物元件的相容性偏低，直接以目前原子操控系統來研究活體內生物元件的可行性低，以仿生物元件如生物檢測器(biosensor)等來研究生物系統較為可行。不過，奈米技術目前仍處在所謂新興期，依國科會科學技術資料中心(2002)以 PEARL 模式預估奈米碳管專利數據顯示，奈米技術將在未來 5～10 年間進入成長期，技術亦將日新月新。以此觀之，生物元件研究與奈米技術開發，將會不可避免的以互動趨近、相輔相成的方式來推展[50]。

　　研究生物元件與生物反應系統的著眼點在於其元件的微小化，反應速度快及精確度高。以大腸桿菌(E. coli)二次元分裂(binary fission)為例，其每一次分裂生殖所需時間約 20～30 分鐘。分裂初期，菌體尺寸擴增一倍，許多微小元件被複製；緊接著約有伍佰萬鹼基對的環形去氧核醣核酸(deoxy-ribonucleic acid，DNA)被複製，而當 DNA 被複製完畢且和其它維生物質(essential substances)被分離妥當後，菌體表面開始出現微小裂縫並向內拉縮，最後分裂成而兩隻基因相同的菌體[30]。上述分裂過程中，菌體內部執行超過 2000 個化

學反應(包括細胞中能量轉換及合成微小生物分子，如輔酵素、輔助因子等)、複製完整大腸桿菌環形 DNA、並依序分配了維生物質(含 DNA 等)並分裂，而這一連串繁複的過程對大腸桿菌而言，在 20～30 分鐘內便可完成[9]。

　　把奈米技術引入生物學研究的目的在於微小化奈米技術可幫我們(1)精準辨識反應中的微小生物分子(如特定酵素)的存在、(2)控制特定生物分子的移動，(3)運送特定微小粒子至某定點等，而這些結果都將有助於進一步了解各生物分子特性，其相互間的作用情形，及生物系統本身的效率及精準特性。以前述大腸桿菌生長為例，一隻大腸桿菌在 30 分鐘完成便完成伍佰萬個鹼基對複製，亦即一秒鐘內可複製 2800 個鹼基對，而奈米微小化技術可幫助我們了解(1)這高效率的系統是如何達成的，(2)在如此快速的製程中，微小元件的位移控制又是如何完成的等等疑點。總之，奈米研究可進一步回答生物系統對其元件掌控的專一及精準特性，而因為奈米技術的發展，未來這些特性的研究也可能在活體中完成。更重要的一點是——這些研究成果都與身為生物之一的人類息息相關，故其重要程度不言可喻。

　　試想如果一隻大腸桿菌可以在 30 分鐘就繁殖一代，只要一天的時間，48 個世代將被產出，只要一天就能生產 2^{48} 隻(約 2800 兆隻)大腸桿菌。這樣的數目有多大呢？以每一隻菌 DNA 含 500 萬個鹼基對(nucleotide base pair)，每個鹼基約 0.34 奈米來算，一隻菌 DNA 總長約 2 mm，2800 兆隻大腸桿菌的 DNA 連結後，其總長度約可從地球來回月球 700 趟。另外每隻菌的環形 DNA 序列因承襲自親代，其序列與親代完全相同而且這個一致性是必須的以利其正常生存，事實亦顯示正常菌體發生突變機率低僅約幾百萬分之一。綜合上言論可知:菌體複製效率之快及精準性之高實是目前生物體外微小反應系統所難以企及的。生物這種高效率及精準特性，導致 1990 年代末期以來，所謂生物工廠(biofactory)觀念的盛行。生物工廠即是以生物為機器來製造生物分子產品，其

目的在取代一般化學合成製造時昂貴的機器設備及較低的生產效能,而且以生物方式產出的酵素/蛋白質,其精準度及產物純度比用機器生產的優良。

而上述細胞複製只是眾多生物微反應系統的一個例子,其他如所謂生物分子馬達(biomolecular motor)運用生化能量(ATP)來產生細胞位移及胞內物質運送;所謂生物礦化(biomineralization)以產生生物保護外殼或晶體,如矽藻(diatom)細胞壁及脆海星(brittlestar)調光用碳酸鈣晶體,是將礦物沉積在一預先架構的有機模版中(Drum and Gordon 2003, Aizenberg et al. 2003);所謂菌磁顆粒(bacterial magnetic particle)以利微生物對方向的定位等等都是有趣而且有用的生物微系統,舉凡對未來的奈米機械動力,藉由對 DNA 修改製造奈米級三維結構材料,藥物運送等都會有相當助益。

以生物研究發展歷程來看,觀測工具與技術的發明或改良常常是增進吾人對生物系統了解的原動力。Hooke(1664)發明顯微鏡時用來觀察黴菌(mold)而不知有更小的生物存在,直至 Leeuwenhoek(1684)才開始對細菌有較完整的觀察與了解。至於病毒(virus)的尺度約在 20～200nm 之間,更是要等到電子顯微鏡出現,Phage T2 的結構(類似太空火箭外殼內包埋有核酸)才被了解,而這種因工具/技術的進步,造成對生物系統觀察更加深入的過程,不斷的重複發生。另一個例子是 Watson 和 Crick(1953)利用了當時盛行的 X-光繞射(X-ray diffraction)技術,解出了 DNA 的雙螺旋(double helix)結構,並確立了吾人今日在 DNA 定序(sequencing)、基因操作(gene manipulation)上的基礎。如今奈米的出現,代表工具與技術進一步微小化的可行,而生物體內除了 DNA、蛋白質,這類巨型分子的運作機制可被研究得更透徹外,其他更多如上述微生物元件功能與運作機制和許多生物必要維生反應系統,也有待並將會被進一步的解明和利用。

生物與奈米技術成果運用廣泛,涵蓋醫藥、生化、環保、農業、材料工程等研究領域,其未來影響層面不僅有助精密機具開發,亦將遍及日常生活用

品，它貢獻也可能是史無前例的。以生命科學爲例，地球上所有生命是建立在以碳爲中心的個體，惟在 1960 年代電晶體發展過程中，因矽元素俱永久性及記憶等功能，使人們找到一個以矽晶來延續生物生命的機會。試想當生物體上一切會腐化的碳化物被矽取代後，人基本上只要靠晶片的抽換來延續生命的存在，如此一來雖非十全十美，但也可算是「永恆生命」。現在奈米生物技術的發展得以讓我們更進一步的了解生物反應系統與生命現象，如此一來，以電晶體爲主體的矽生命(silicon life)將可避免，碳生命(carbon life)永續存在的契機變成可能。

下面各節將就已知微生物元件及生物反應系統、生物技術應用及奈米生物技術未來研究方向等課題做說明。

● 6-2　生物元件與生物反應系統[3, 22, 23, 27, 30, 32, 35, 43, 49]

生物元件種類甚多，也常因物種不同而有所差異。研究不同生物元件與其組合而成的生物反應系統(bio-reactive systems)，是了解生物運作機制的最佳方式之一。有鑑於此，本節就常見且重要的生物元件與生物反應系統及其功能作說明，並將在後二節(6.3 與 6.4)中分別介紹目前生物技術在特定生物元件及反應系統的應用，及未來奈米生物技術可能研究的方向。

6-2-1　核　酸

核酸(nucleic acid)廣泛存在所有動、植物細胞及微生物體內，並可分爲核糖核酸(ribonucleic acid 簡稱 RNA)，去氧核糖核酸(deoxy-ribonucleic acid 簡稱 DNA)。DNA 是儲存、複製和傳遞遺傳信息的主要物質，而 RNA 有三種，分別在蛋白質合成過程中扮演重要角色，其中轉移核糖核酸(transfer RNA 或 tRNA)，有運送和轉移活化氨基酸(amino acid)的功能；信使核糖核酸

(messenger RNA 或 mRNA)，是合成蛋白質的模板(template)；核糖體的核糖核酸(ribosomal RNA 或 rRNA)，則是細胞合成蛋白質的主要工廠[28, 29]。

每一條 DNA 或 RNA 都是一個巨型分子，由數目不等的核酸(nucleotide)聚合而成。核酸是由三大部分組成，即核醣(ribose；RNA 用)／去氧核醣(deoxyribose；DNA 用)、磷酸根(phosphate)及包含嘧啶(pyrimidines)和嘌呤(purines)的含氮鹽基。核醣及磷酸根形成核酸的骨幹(back bone)，其中每一個核酸的磷酸根會接在上一個核酸核醣第 3 個碳的位置上，而含氮鹽基才是造成每個核酸特性不同的原因。含氮鹽基中嘧啶又有三種：胞嘧啶(cytosine)存在於 DNA 和 RNA 中，胸腺嘧啶(thymine)僅存在於 DNA 中，尿嘧啶(uracil)僅存在於 RNA 中，嘧啶是由碳原子和氮原子組成的六邊環，不同嘧啶的差別在於連接在環上的官能基不同；嘌呤有二種：腺嘌呤(adenine)和鳥糞嘌呤(guanine)，是由一個六邊環及五邊環的組合體，在 DNA 和 RNA 中都有。各種核酸，以含氮鹽基第一個英文字母簡稱之，即 C、T、U、A、G 等。

如圖 6.2 所示 DNA 為一雙股螺旋分子，其寬度約 2 奈米(=20Å)，每個核酸高度約 0.34 奈米，因為其螺旋特性，連續 10 個鹼基對的連結正好繞完一圈。在正常情形下，A 與 T 以二個氫鍵相互配對連結；G 與 C 則以三個氫鍵結合，所以 G-C 的距離要比 A-T 來的近些。此外，相同長度的 DNA 中若含較多 GC 配對時，其所需要將雙股 DNA 分離的能量也會愈大[33, 52, 53]。

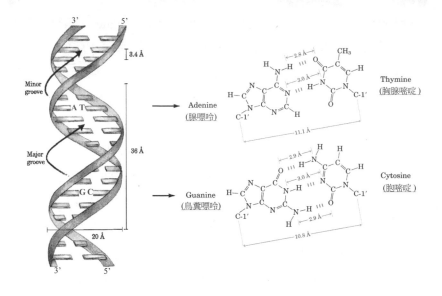

圖 6.2　DNA 的尺度及其鹼基間的鍵結情形

從物理的角度來看，各種力場對 DNA 性質和性能的影響、相互作用力對 DNA 性質的影響，及現有的理論和模型是否足以解釋 DNA 分子的性質等，都是目前研究甚多的課題。由於 DNA 特有的雙股螺旋結構，使得其形變和彈性性質與其生物功能有直接的關係，例如在 DNA 複製的過程中，雙股螺旋必須反轉並斷開鹼基對之間的氫鍵，以利 DNA 複製酵素(polymerase)等分子連結並利用被分開的兩股核酸作爲複製的模版(template)，而針對這些力場的作用及 DNA 彈性性質的研究，是了解生物體遺傳物質製造／運送過程中，不可或缺的一環[15]。

DNA 因爲掌控了生物的遺傳密碼，故其些許的變動常造成人體發育上的不正常，現已發現近 2000 種遺傳性疾病和 DNA 結構變異有關，該數目並有快速增加的趨勢[24]。例如常見染色體變異疾病－唐氏症的主因是，病患的 23 對染色體中的第 21 號染色體有三個(正常爲一對、兩個)。根據統計，每七到八百個新生嬰兒中，就有一個可能是唐氏症的嬰兒，而 35～40 歲的孕婦比年

輕的孕婦產下唐氏寶寶的可能性高出 20 倍以上[9]，大部分罹患唐氏症症候群的人，面部扁圓，眼睛狹長，鼻樑較寬，肌肉軟弱鬆弛，常有斷掌現象，且智力遲鈍，身體發育緩慢。目前唐氏症篩檢以檢測孕婦血液中的 α-fetoprotein(AFP)為主，但其準確性偏低，羊膜穿刺及絨毛取樣等方法可用來進一步確定病症，但有一定的危險性，所以新檢測技術研發有其需要性。

此外，近年來陸續發現包括癌症、精神病及遺傳病等，許多人類疾病是因為染色體內不穩定的核酸重複序列發生突變所致。其中由三個核酸重複序列倍增突變所導致的遺傳疾病有：易脆 X 染色體症候群(fragile X syndrome)、延髓肌萎縮症(spinal and bulbar muscular atrophy，SBMA)、亨丁頓氏舞蹈症(Huntington's disease，HD)、小腦脊髓幹運動失調症候群(spinocerebellar ataxias，SCAs)、齒狀紅核蒼白球肌萎縮症(dentatorubral pallidolusyian atrophy/Haw River Syndrome，DRPLA/HRS)、Machado-Joseph disease(MJD)、以及肌強直型肌肉萎縮症(Myotonic Dystrophy；MD)等。這些不正常核酸重複序列有些是位於轉譯區(coding region)基因座內有一段不穩定的 CAG 核酸重複序列擴增突變(expansion mutation)，所造成的神經退化性疾病(neurodegenerative disease)，如上述的 SBMA、HD、SCAs、DRPLA/HRS、MJD 等病症；有些則是位於不轉譯區(non-coding region)內，由不穩定的 CTG 或 CGG 核酸重複序列倍增突變所造成的肌肉萎縮、智障等遺傳疾病，如：DM[30,48]。

DNA 變異造成所產出蛋白質異常，亦常是基因病症的主因之一。如 Lesch-Nyhan syndrome 乃由體 hypoxanthine-guanine phosphoribosyl transferase 缺乏而使得回收 hypoxanthine 和 guanine 並產生 adenosine monophosphate(AMP) 的反應無法進行，最後導致 5-phosphoribsyl-1-pyrophosphate 會累積，造成 purine(即 inosinate)的過量製造，而形成尿酸鈉(sodium urate)結晶過量堆積，對組織產生傷害。就整個病症而言，患者因 AMP 無法產出影響 adenosine triphosphate(ATP)的合成，容易有無力感，也因 hypoxanthine 和 guanine 無法

在新生嬰兒快速腦細胞代謝過程中回收，腦細胞也容易因尿酸鈉結晶而受損，故患此症的嬰孩約在 3～5 個月大時就會產生症狀，主要症狀包括全身肌肉無力，智障以及嚴重的自虐行為，偶而有些病例會有癲癇發生。自虐行為大約從 1 歲半至 2 歲開始，包括：咬自己的手、腳、挖眼睛、打頭、撞頭等。嚴重智障也是此症候群的特徵，平均智商在 40～80，大部分病患都在孩童時期就死亡，大多數死於腎衰竭或細菌感染，僅有少數病患能活到 20 歲。

在 1972 年，美國史丹福大學的研究人員正式發展出基因重組(gene recombination)的技術。這項原本為了分析各基因的作用而發展出來的技術。最初所謂的基因重組是指科學家利用技術，將選取的目標基因(DNA)與另一段不同生物的 DNA 互相接合，形成重組 DNA，再將重組 DNA 放入菌體中，於是重組的 DNA 便能在菌體內複製並合成相對蛋白質。故此技術可用來判斷目標基因的產物及其功用並了解各基因的作用。

基因重組的技術包括四個步驟：

1. 基因的選取。
2. 目標 DNA 與載體 DNA 的結合(所謂載體是指可以攜帶基因進入菌體的物質，一般常用的有細菌的質體(plasmid)及噬菌體(microphage)。
3. 將重組 DNA 放入菌體內，進行複製和表現其性狀。
4. 分析目標基因合成的產物。

例如，遺傳工師選殖基因時，在含有興趣基因 DNA 的試管中加入少量限制酵素(restriction enzyme)，該酵素在兩處特定序列切開 DNA 而釋放基因。接著，環形質體也用同一種限制酵素切開一個缺口並與切下 DNA 混合。利用酵素切位造成的「黏端」(sticky ends)互補，DNA 插入質體 DNA 股上的切口並由 DNA 黏接脢(DNA ligase)補上。目前已有甚多的基因，藉由上述的步驟表現並用來大量製造我們所需的蛋白質，例如用大腸桿菌來攜帶特定基因，生產胰島素(insulin)、干擾素(interferon)等生化藥物，其中干擾素具有很強的抗病毒

活性，而且一種干擾素能夠抑制多種病毒的增殖，在醫學上是屬於一藥多用途的抗病毒藥物，另外胰島素的細菌表現，除了可避免自豬隻取得的胰島素有相容性的問題外，更可大量製造並降低成本。此外，基因重組是雜交育種的生物學基礎，對生物體的基因操作及生命現象有不可言喻的重要性，人們將可藉由基因重組的技術來圈選自己喜歡小孩的模樣，並進行基因療法來排除已有或可能的基因性疾病，好處甚為明顯。

6-2-2　蛋白質[26, 30]

　　若針對人類而言，蛋白質是細胞膜、細胞質、肌肉、皮膚和許多身體構造的主要成分，也是形成酵素、血液中的血紅蛋白質及抗體的主要物質，對身體成長及自我修補受傷組織的功能非常重要。在微觀的製造方面，生物體利用轉錄(transcription)機制將基因 DNA 片段轉成 mRNA，再利用核醣體(ribosome；內含 rRNA)將 mRNA 資訊經轉譯(translation)及 tRNA 運送來對應胺基酸製成胺基酸序列，即蛋白質的前趨物質，其過程如圖 6.3 所示。

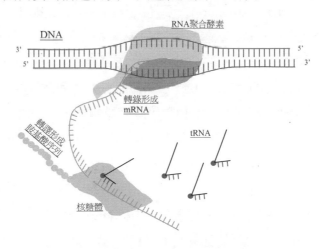

圖 6.3　蛋白質是依 DNA 的資訊所建構的

氨基酸(amino acid)是構成蛋白質的基本單元，自然界每個氨基酸的氨基(amino group)和羧基(carboxyl group)都與同一個碳原子以共價鍵結合，稱為α-胺基酸，不同的氨基酸各有一個不同的「側鏈」(side chain)而不同數量和種類的氨基酸可以相互連接成一條鏈狀的構造，稱為 polypeptide；而不同數量的 polypeptide 經化學作用如氫鍵、雙硫鍵等，連結成各種不同的蛋白質。由於人體只能製造 10 種常見的氨基酸，因此我們必須從食物中攝取其餘十種氨基酸，這十種氨基酸稱為必需氨基酸(essential amino acids)；而人體可以自製的氨基酸則稱為非必需氨基酸(non-essential amino acids)；唯動物亦不能儲存過多氨基酸，多餘的氨基酸會在肝臟內經過脫氨作用(deamination)被分解，然後再轉化成為尿素(urea)，經尿液排出體外。

完整的蛋白質具四級結構，分別是初級、次級、三級結構及四級結構。初級結構(primary structure)指的是蛋白質的胺基酸序列，序列上些微變化，會影響蛋白質折疊和其功能；次級結構(secondary structure)主要是以氫鍵做局部重複的折疊或盤繞，常見的折疊形狀有 α 螺旋(alpha helix)及 β-摺板(β-sheet)二種；三級結構(tertiary structure)主要是由雙硫鍵(disulfide bridges，－S－S－)連結二個胱胺酸(cystine)單體而將二級結構扭曲重疊，四級結構(quateruary structure)主要是由二個以上的三維結構蛋白質組成,也代表具功能性蛋白質的完整結構。蛋白質結構常因 pH 值、鹽濃度、溫度等的影響，瓦解安定結構的恐水性結合，包括氫鍵、離子鍵和雙硫鍵等結構後，失去維持形狀的力量並造成變性(denaturation)。有時蛋白質變性後，當環境恢復時可重新形成俱有機能的形態；但某些蛋白質是無法還原的。蛋白質折疊規則及其變性後還原與否，目前常以固定／結晶(fixation/crystallization)的方式再配合電腦模擬來完成，因固定及結晶皆需在體外完成，對蛋白質結構有一定的誤差，而蛋白質的立體結構與基質固定和該蛋白質的活性有關，所以儘可能避免誤差有其重要性。

首先，讓我們先來看看蛋白質固定及結晶分析的過程。生化學家追蹤蛋白質折疊過程中試圖用 X-ray 光束穿過蛋白質結晶，產生繞射圖案，作出電子密

度圖，再利用電腦計算，測定蛋白質的立體結構，所以如何固定蛋白質變成了一項重要的工作。固定化技術主要目的就是在尋求一種「有效且安定」的固定方法以確保蛋白質結構不受外在環境影響，通常蛋白質藉著分子本身的胺基(amino groups，−NH2)、羧基(carboxyl groups，−COOH)，或羥基(hydroxyl groups，−OH)來與擔體(carrier)鍵結，其結合方式可分為：

一、物理吸附(physical absorption)

此法利用分子間的凡得瓦力(Van der waals)、靜電力(electrostatic)、親和性(affinity)的物理性質吸附蛋白質分子，優點是方法便宜、簡單；缺點是容易因外在環境溫度、酸鹼值、溶液中離子強度之改變，而導致蛋白質脫落。

二、離子鍵結(ionic bonding)

係利用蛋白質具有被離子化性質，將蛋白質以離子鍵形式結合於離子交換體，比物理吸附有較強的結合力，但相同的蛋白質反應中緩衝溶液的種類、酸鹼值、離子強度、溫度等，都會對固定化的效率或蛋白質的脫離有很大的影響。

三、共價鍵結(covalent bonding)

蛋白質中含有與活性無直接關係的反應性游離基，尤其是羥基、羧基、氨基之含量很高，可用來與基材表面具有的官能基發生共價鍵結，此種鍵結形式具有結合力強的特性，故被固定之蛋白質不易受外在環境影響而脫離基材。由此可知，將蛋白質在體外固定後分析，對其結構而言，易受固定及結晶技術的影響；且蛋白質離開人體後，可能產生活性及結構上的變異，都是吾人應該考量並持續改良的地方。

目前分析大型分子的數量及結構，並且能測出蛋白質在人體內的變化的方式是由田中(Tanaka，日本島津精密儀器製造公司的工程師)與芬恩(Fenn)所研發的質譜儀(mass spectrometer)方法。舊式的質譜儀只能用來分析小型化合物(分子量低於一千)。對大型化合物則無能為力，因為無法使它變成帶電的氣態，故其分子無法在質譜儀電場中加速並偵測其抵達的時間—通常小分子帶高

電子會先抵達偵測器，高分子帶低電子會比較慢抵達偵測器。田中(1987)發現將要分析的物質以低能量的軟雷射(soft laser)激發成帶一個電子的氣態，在電場中可以用「脫附方法」(desorption)進行質譜測量；芬恩(1988)以「高電壓噴射離子化方法」(electrospray ionization)使要分析的物質經過高電壓噴射方法而得離子化，再進行質譜測量，用這二種方法，主要在使高分子蛋白質帶電並藉以分析該類的蛋白質。此外，有關蛋白質量測的另一個問題是，以往的分子結構都是依賴結晶固體的 X 光撓射法，但高分子量的蛋白質很難變成晶體。伍思瑞齊(wuthrich，1985)利用核磁共振儀(NMR)方法測定溶液中的蛋白質結構，他以蛋白質中的氫原子間的距離及擺動狀態為測量基準，訂出溶液中蛋白質的三度空間結構。田中、芬恩及伍思瑞齊也因其在蛋白質結構技術的創新，共同獲得了 2002 年的諾貝爾化學獎。

　　蛋白質分析與其結構研究的重要性在於：蛋白質是由一連串的胺基酸組成，蛋白質有它的特定摺疊形態(protein folding)，如果摺疊形態發生變化，那蛋白質就會「變質」並引起許多疾病。普席納(Prusiner，1997)率先提出蛋白質摺疊錯誤會引起腦組織海綿化(spongiform，如圖 6.4)疾病，即狂牛病並獲得1997 年諾貝爾醫學獎，他解釋說：「哺乳類腦中有一種叫普立昂(prion)蛋白質(PrP；$Mr = 8,000$)，在正常情況下，有一個很穩定的摺疊結構形態，是無害的，但若與羊搔症(scrapie)處得來褶疊錯誤的普立昂(PrP^{sc})接觸，則原本正常PrP 會轉變成 PrP^{sc}，病變後的 PrP^{sc} 俱感染能力，並會擴散感染造成腦組織空洞化。普席納的發現給了我們一個全新的病理觀念，即傳統所謂只有黴菌、細菌及病毒才有可能致病是不完整的，蛋白質本身亦有傳染疾病的可能(nelson and Cox 2000)。

圖 6.4 狂牛病患者的大腦反質(cerebral cortex)切片呈現空洞化，孔隙大小 20～100 μm[30]

　　這幾年來，醫學研究發現蛋白質摺疊錯誤確實會引起許多慢性疾病，如神經萎縮退化疾病、糖尿病、白內障等，故蛋白質摺疊成了病理的探討焦點，而相對的，蛋白質結構的研究就益形重要。目前人類基因組合解讀已經完成，人類有三萬多個基因，每一或多種基因會負責製造出一種蛋白質，故人類後基因體研究也將著重於功能基因(functional gene)及蛋白質的結構工作。這些研究將比解讀人類基因組合更複雜，並將耗費更多時間與資源才能完成。在病理的研究及疾病的診斷都得依靠蛋白質的快速正確分析，奈米生物技術是否幫助我們避免體外固化結晶操作，避免蛋白質變性，並直接由活體細胞中得知蛋白質種類／結構／功能並做為病變診斷依據，是值得吾人思考的。

6-2-3 粒線體

　　粒線體存在所有眞核細胞中，負責提供給細胞活動的化學能，即製造 ATP，約 90％人體所需能量，都在此處產出。ATP 是細胞能量的攜帶者，它是經由一連串複雜電子傳遞反應後，以氧爲最終電子接受者而產生的，詳情請參 6-2-5 電子傳遞系統一節。

　　粒線體約 1～10μm 長，活的粒線體會在細胞裡移來移去，還會改變形狀、分裂成兩個，和電子顯微鏡所見到的有很大的差異，粒線體越多，通常細胞的代謝活性也越高。粒線體結構上有雙層膜，各有獨特的蛋白質鑲嵌於上。外膜(outer membrane)平滑，但內膜(inner membrane)有許多皺折，稱爲「山脊」(cristae)，外膜和內膜間爲膜間隙，內膜所包圍的是粒線體基質(mitochondrial matrix)。基質裡濃縮了許多酵素，細胞呼吸作用的許多代謝步驟於此進行，還有其他有關於呼吸作用的蛋白質位在內膜上，如 ATP 酵素(ATPase)，至於內膜上的皺折，可增加接觸表面積並提高 ATP 的產率。如以產 ATP 的功能來看，細菌本身即類似一個粒線體單元，圖 6.5 係菌體 ATP 產出示意圖，細菌將葡萄糖或其它基質消化產出二氧化碳並在膜上產生電位差，隨後並進一步藉由 ATP 產生酵素(ATPase)將氫離子(H^+)導入細胞膜而生成能量單元－ATP。

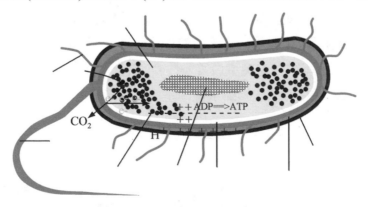

圖 6.5　菌體內 ATP 產生的機制

粒線體有許多特性與上述菌體類似，如：

1.　粒線體內含一環狀 DNA(與菌體 DNA 同)，獨立於染色體 DNA(直鏈狀)，故核醣體能自行製造其所需蛋白質。

2.　粒線體複製類似菌體二次元分裂(binary fission)，是由原有粒線體分裂而來。

3.　粒線體尺寸與一般菌體類似。

　　基於以上理由，已有學理指出，粒線體有可能是在生物進化過程中，由細菌進入真核細胞而形成的共生現象。也因為粒線體與細胞核呈獨立狀態，許多有關粒線體 DNA/RNA 操控、蛋白質製造、核醣體特性等亦是研究的目標。對人類而言，粒線體由母體而來，有突變可能且其突變也會遺傳，所以比對全球不同人種的粒線體DNA 的含氮鹽基排序，也可能得到一些全球人種遷移上的線索。

　　在 1963 年科學家已知道動物體身上的粒線體擁有它自己的 DNA，但卻還不了解這些基因究竟有無功能，更不了解這些基因與人類某些疾病有關。直到 1988 年有些研究者才知道粒線體 DNA 的小瑕疵會引起或促發一些廣泛的衰退現象。目前的研究顯示，粒線 DNA 缺陷可能導致許多人體功能衰退老化的疾病及現象。即當粒線體中合成 ATP 的 DNA 突變或異常都會影響到細胞去穫得足夠的能量，這可能傷害細胞或甚至殺死細胞，更進一地便會引起組織或器官的機能不全。粒線體 DNA 突變牽涉了許多不知原因的衰退及老化現象和各式各樣的慢性退化疾病。雖然在此方面的研究已提供許多疾病形成的線索，甚至設法治療及阻止疾病形成，但現今在此仍有許多這類疾病無法治療。

6-2-4　細胞膜

　　細胞膜的形成應是第一個細胞生命開始的起點。細菌膜在面對外在環境的變化時，必須要能維持細菌內在環境的穩定、並要有掌控養份攝取及廢物排除的能力，如此才能使細菌執行其所需生理功能並維持生存，故其對細胞的重要

性,不言可論。細胞膜是由兩層不透水的磷脂(phosphate lipid)組成,厚約 5 nm,
其親水層內外分別與胞液和外界環境接觸,其恐水層相連夾在中間,如此結構
可以阻礙細胞內外物質的交流,並透過細胞膜上一些蛋白質通道接收外界訊
號,並與外界交換物質,其示意圖如圖 6.6[14]。根據流體圖塊模型(fluid mosaic
model),在一定溫度以上,細胞膜的相連恐水層呈流體狀,其上的脂質及蛋白
質可在平面方向移動(lateral movement),有相當大的自由度,與我們一般想像
的一張膜,有固定位置和組成,是不相同的。

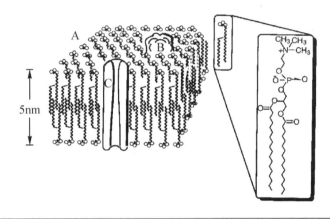

圖 6.6　細胞膜結構,其中 A=雙磷脂層,B=膜上蛋白質,C=蛋白質通道[14]

　　細胞膜對傳送物質的選擇性強,大都利用特殊通道來做運送。多數細胞膜
上都有葡萄糖的通道(glucose transporter),藉以送入外界的葡萄糖,作為細胞
內的養分之用,該通道是由整合型蛋白質(integral protein)組成,分子量大約是
45,000,但其詳細構造並不清楚,該通道每次運送葡萄糖時會伴隨著 Na^+ 是屬
於同向通道(symport)。此外,細胞內外離子的分布,對細胞運作也有重大的影
響,例如經由 Na^+K^+ATPase 的運作,每個 ATP 的消耗將三個鈉離子移出細胞
內而將兩個鉀離子移入稱逆向通道(antiport),造成大部分細胞內鉀離子濃度是
細胞外的 30～50 倍,而鈉離子濃度只有外面的十分之一。由於細胞膜內外離
子分布的濃度不一,所以在細胞膜上就產生了一個「膜電位差」(membrane

potential)；裡面爲負，外面爲正，大小約爲 50～70 毫伏特(mV)。此外也有所謂離子通道，只允許特定離子以擴散的方式流通。

早期研究細胞離子通道時，須將一根電極插入到細胞內，然後連通另外一個在細胞外的電極，來記錄不同生理情況細胞膜電位差變化。但是這種傳統電生理技術解析度不夠，而且沒有辦法任意改變細胞內的成分來觀察這些成分改變對細胞膜上離子通道的影響。奈爾和沙克曼(1976)發展出「膜片箝制」的技術來研究細胞膜上離子通道。所謂「膜片箝制」技術係利用一隻管口直徑比細胞還小的毛細玻璃管，在顯微鏡底下將它輕輕壓住細胞表面，再加點吸力，將細胞膜緊緊吸黏在管口上。如果細胞膜上有一個離子通道的分子，經過電流記錄器，就可以記錄通過這個離子通道的離子流。他們應用這套技術，順利地量出青蛙肌肉細胞上單一離子通道流過的電流大小。其結果顯示，肌肉細胞的細胞膜上一個離子通道可通過的電流約爲二十微微安培(10^{-12} 安培)，換成離子數目大約是每秒通過一億個離子。其他結果也顯示，這些離子通道會因應不同的環境而改變其特性和形態，造成離子流量的變化。

「膜片箝制」技術也幫我們了解囊腫纖維變性(cystic fibrosis)的遺傳病，通常這種病人的汗水中含有高濃度的鈉和氯離子，且肺中常分泌大量黏液而引起呼吸道感染，小腸等器官也常會出現黏液分泌異常。藉由「膜片箝制」技術認定是由於病人細胞膜上的氯離子通道完全不見，或是功能異常所致。由此可知，細胞膜對物質通透性的控制相當好，但機制卻是複雜而亟需進一步研究的。

6-2-5　電子傳遞系統

電子傳遞系統(electron transferring system)常見於生物反應系統中，譬如人的呼吸過程是將電子一步一步傳遞，最後傳給氧氣，另外生物產氫亦是類似情形，最後則是透過產氫酵素(hydrogenase)與氫離子產生氫氣。

如 6-2-3 節所述，「電子傳遞產生 ATP 的過程在高等生物細胞中的粒線體內膜完成」。當一分子葡萄糖經由糖解作用和檸檬酸循環(citric acid cycle)

氧化為六個二氧化碳，依物種不同，可得到 35～38 個 ATPs，這些 ATP 多來自電子傳遞鏈氧化 NADH 和 FADH$_2$ 並可提供給生物體做移動或生物合成之用。電子傳遞鏈包含一系列電子載體(electron carriers)，其可將電子由電子供應者(donors)如 NADH 和 FADH$_2$，依序傳遞給電子接受者(electron acceptors)，如 Coenzyme Q，cytochromes b 和 c1，cytochrome a，最後將電子傳給氧氣(O$_2$)。在此一電子傳遞路徑中，電子一直由還原電位較負的載體流向還原電位較正的物質，最後氧氣接受電子並和氫離子結合形成水。由於 NADH 和 O$_2$ 的還原電位相差約 1.14 伏特，可藉由氧化磷酸化(oxidative phosphorylation)的機制，獲得能量。氧化磷酸化的機制中，電子沿呼吸鏈通過粒線體膜會導致質子被移出到膜外，如此便形成質子梯度和膜電位差，而造成質子動力(proton motive force)，當質子因質子動力回到粒線體基質，產生的能量便可用以推動 ATP 合成，類似過程亦發生於細菌的細胞膜間。

在厭氧系統中，利用生物產出氫氣亦是電子傳遞的典型例子[31, 45, 51]。氫氣的產生是因厭氧系統中缺乏如氧的電子接受者，導致多餘電子藉由 NADH 先將電子傳遞給 ferrodoxin(一種含鐵硫結構蛋白質)，再轉給產氫酵素後，電子與氫離子結合產生氫氣並釋放到空氣中[1, 2, 34]，其詳細路徑如圖 6.7。

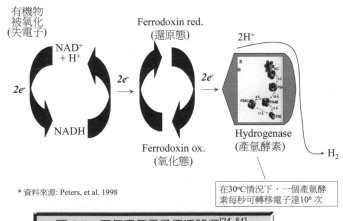

* 資料來源: Peters, et al. 1998

在30ºC情況下，一個產氫酵素每秒可轉移電子達10^6 次

圖 6.7　厭氧產氫電子傳遞路徑[34, 51]

　　由以上兩例可以了解，生物系統是以許多種不同的酵素來掌控電子流，傳送身體所需要的能量，如果把人看成一個蓄電池，我們隨時可以有機物來儲備能量，可用能量運動到某處，並可放出能量(如掃地、擦黑板等)以做功，這不就是我們辛辛苦苦要找的能量儲存／施放系統嗎？

　　整個生物體利用電子傳遞系統所隱含的意義在於，生物體本身如何利用常溫下化學反應來分解有機物並在粒線體內膜產生電位能，又如何利用電位能來轉化成化學能(如 ATP 生成)供身體細胞所用，深入了解電子傳遞系統有助我們對能量的轉換的掌控，至少可以避免目前以高熱來製造電能等不符效率原則的發電方式，這或許是解決人類能源問題的出路之一。

6-2-6　免疫系統[27, 30]

　　免疫系統(immune system)是人體為抵禦外來不明病原或物質所構成的防禦體系，這個防禦系統大致可分為三個部分：

1.　　自我／非自我個體的辨識。

2.　　系統對抗原(antigen)的捕殺。

3.　　記憶細胞(memory cells)的製造及運用。

　　抗原是指一切能使免疫系統起反應的物質。免疫系統主要是由骨髓中幹細胞所製造出的不同白血球細胞，包括巨噬細胞(macrophage)與淋巴球細胞(lymphocyte)，其中主要的淋巴球細胞又可分為 B 細胞(B cell)及 T_C 細胞(killer T cell)，前者是專門產生抗體來標示抗原，供巨噬細胞來辨識及消滅；後者是專門來殺死已被感染的細胞及其內所含的抗原。此外還有助手 T 細胞(helper T cell，簡稱為 T_H cell)能與 B 細胞互動產生介白質(interleukin)來刺激 B、T 及 T_H 等細胞的增殖。

　　在人體整個免疫的防護過程中，首先免疫系統必須能辨別那一個是自己的細胞，那一個是必須被消滅的抗原。基本上人體細胞靠兩類蛋白質，即 MHC 第一及第二類蛋白質(major histocompatibility complexes class I and II)，依附在

細胞上來做標示的工作。MHC 第一類蛋白質存在所有已知脊椎動物細胞上，但每個人可產生多達 6 種不同的 MHC 第一類蛋白質，所以幾乎很少有 MHC 第一類蛋白質組合相同的人。為了正確辨認自身的 MHC 蛋白質，當 T_C 細胞製造時要經過嚴格篩選，約 95％被製造的 T_C 細胞因其有造成錯誤辨識可能而被消滅，只有能正確抓住與外來抗原結合的 MHC 第一類蛋白質的 T_C 細胞才會被留存下來。之後 T_C 細胞會到處尋找這種有抗原的細胞並將之摧毀，這也是為什麼當器官移植時，外來器官上的 MHC 第一類蛋白質亦被視為抗原並受本體 T_C 細胞攻擊，而造成所謂組織排斥性(tissue reject)現象。MHC 第二類蛋白質則只依附在少數抓抗原的細胞上，如巨噬細胞及 B 細胞上，以供助手 T 細胞來結合，進而刺激 B、T 及 T_H 細胞的增殖。

所以整個抗原捕殺的過程可分成兩部分，其一由 B 細胞產生抗體來標示抗原，而此抗體／抗原結合體會被隨時來回巡邏中的巨噬細胞所吞噬；而受抗原感染的細胞則由 T_C 細胞透過已感染抗原的 MHC 第一類蛋白質進行結合並將整個細胞連抗原一起消滅之。如有需要助手 T 細胞將會透過 MHC 第二類蛋白質與 B 細胞互動，產生介白質來刺激 B、T 及 T_H 細胞的增殖。當抗原被消滅殆盡，少部分 T_C、T_H 及 B 細胞會被留存下來，變成記憶細胞，記憶細胞在體內巡迴，下次有同樣的病源侵入時可以閃電出擊，這也是當一個人已得過某種疾病後有免疫效果理由。

免疫系統中所謂抗原／抗體的獨特／單一的結合特性，已被拿來發展蛋白質晶片，做為檢測抗原或抗體存在的明確指標。雖然如此，但吾人對免疫系統的了解，仍是不足，免疫系統的高度辨識性、T_C 及 T_H 在製造時的嚴格篩選機制，和記憶細胞的留存而不被摧毀回收等都是有待更多探討的。

6-2-7 神經傳遞系統[14, 30]

神經系統可以分為中樞神經系統(central nervous system，CNS)和周邊神經系統(peripheral nervous system，PNS)兩大類。中樞神經系統又可分為兩個部分：

大腦(brain)和脊椎(spinal cord)。一個正常成人的大腦約有 1.3～1.4 公斤重，其中約包含了上千億的神經細胞(nerve cell，neuron)以及數以兆計的神經膠質細胞(glial cell)。成年人的脊髓重約 35～40 公克，長約 43～45 公分。脊髓外圍有著堅硬的脊椎骨(vertebral column)作爲保護以及支撐脊髓之用，其長度約有 70 公分。周邊神經系統也可以分爲兩個主要的部分：軀體神經系統(somatic nervous system)以及自主神經系統(antonomic nervous system)軀體神經系統中的感覺神經纖維(sensory nerve fibers)可將身體各部分的感覺器官所蒐集到的視覺、嗅覺、味覺、觸覺等資訊傳送到大腦或脊髓。而運動神經纖維(motor nerve fibers)則負責將中樞神經系統所下達的命令傳到骨骼肌以產生所需的運動。自主神經系統包含了交感神經系統(sympathetic nervous system)以及副交感神經系統(parasympathetic nervous system)。其功能主要在於調控內臟的平滑肌運動以及內分泌腺體產生內分泌激素。藉由這些複雜的神經連結互動，我們才能夠因應外界的環境變化而產生適當的身體反應，並產生了思考、記憶和情緒變化的能力。

　　神經細胞(nerve cell 又稱爲神經元，neuron)是專門傳遞電訊號的細胞，當位於細胞表面的受體(receptor)接收到神經傳導物質時，神經細胞便會產生動作電位以傳遞訊息。神經細胞會從本體處長出觸手狀的組織，稱爲軸突(axons)和樹突(dendrites)，樹突負責將資訊帶回細胞，而軸突則是負責將訊息傳遞出去。在神經系統中幾個重要的離子分別爲鈉(Na^+)、鉀(K^+)、鈣(Ca^{2+})及氯(Cl^-)離子。此外還有一些帶負電荷的蛋白分子。神經細胞和一般細胞一樣都有細胞膜包覆，而細胞膜對離子的通透率極差，幾乎爲零，因此這些離子要經由細胞膜上特殊的離子通道(ion channels)如前述 $Na^+K^+ATPase$ 才能流通。

　　當神經細胞在休息狀態(不傳送訊息時)，細胞外的鈉離子比細胞內的鈉離子多，而細胞外的鉀離子則比細胞內的鉀離子少，細胞內的電壓相對於細胞外的是負值，此時細胞內外不平衡的離子會企圖去平衡這內外的電位差，但是由於細胞膜的阻隔使得只有具有特定離子通道的離子可以通透。在休息狀態下神

經細胞對鉀離子的通透性極高(K^+)相對的氯離子(Cl^-)及鈉離子(Na^+)通透率不高，且細胞內帶負電的蛋白分子則因為體積太大，無法自由的進出細胞膜而被箝制於細胞內。一般而言，休息電位是負 70～100 毫伏特(mV)，也就是說細胞內的電壓要比細胞外低 70～100 毫伏特。

相反的，當細胞傳遞訊息時，各離子游動的情形稱為動作電位(action potential)。動作電位是由去極化電流(depolarizing current)將原本細胞的休息電位提昇(一般至 − 55 mV)而引發的膜電位改變。在任何一種神經細胞中，產生動作電位大小是完全一樣的，因此神經細胞不是不引發動作電位，就是產生一個大小固定的一個動作電位，這就是所謂的全有全無律(all or none)。

動作電位因一連串離子通過細胞膜而造成離子重新分配及膜電位改變。首先外來的刺激開啟了原本在休息狀態下不開啟的鈉離子通道，因為細胞外的鈉離子濃度遠高於細胞內因此大量的鈉離子會向細胞內流入，鈉離子本身帶一個正電荷，因此會使得神經細胞的細胞膜電位趨向於正值即所謂的去極化。鉀離子通道開啟的時間較鈉離子通道晚。當鉀離子通道打開時鉀離子會流出細胞而使得細胞膜電位趨向於負值而將細胞再極化(repolarization)。在此同時鈉離子開始關閉，這造成細胞膜電位回到神經細胞的休息膜電位。

神經元上亦有數量及種類均多的受體(receptor)，這些受體會同時或個別受到多個其他神經元所產生的離子濃度及電位變化影響而產生去極化電流，將訊號持續傳下去，如果該細胞接收到的訊號未達去極化電流，則訊號停止。這種單一細胞受多個神經元訊號控制的現象不易分析，有待更進一步了解。此外，神經傳導物質與受體的關係十分密切，神經傳導物質不能產出或產出不正常或與受體間的互動有異狀，常帶來神經上的疾病，例如巴金森氏症(Parkinson's disease)便是因為腦內一種叫黑核(substantia nigra)的腦細胞快速死去而無法製造足夠的多巴胺(dopamine)而導致的一種慢性的中樞神經系統失調症狀。

6-3　奈米生物技術應用範疇

　　生物技術目前的應用相當廣泛，舉凡微生物辨識、疾病防治、食品改良、能源開發、環境保育，及地球永續發展等都有密切關聯性。這些課題中包含了利用核醣體的次單元(subunit)做菌群區別、利用基因診治來防治先天性疾病，利用基因操作來增加糧食生產、利用生物產能系統來獲取生物能、利用改良菌種來去除廢棄物及利用收集／保存生物多樣性以求物種的永續發展。本節將就幾個共通性的生物技術做一說明。

6-3-1　物種辨識[39, 42]

　　微生物辨識是純菌分離後必要的一種分析[38, 21]。菌種分離主要是藉由模擬自然界微生物的生長營養源及環境，而將存在於自然界的微生物獨立地培養及分離出。微生物被分離出後的鑑定分析，到目前為止，大都以生化分析為主，例如不同基質的使用能力、酵素的存在與否、細胞結構及組成成分等等，這些分析方法通常都非常費時且準確性有疑慮。

　　隨著分子生物學知識加速的成長，一些以分子生物學為基礎的分析技術也陸續發展出來，並應用在微生物辨識上。大致來講，這些技術所需時間少，準確性及再現性也都比傳統生化方法來得好。這些分析方法主要是利用不同微生物本身所含 DNA 基因序列上的差異，做為其辨識的依據，在此僅以常用的16S rDNA 辨認原理做說明。

　　細胞內核醣體是蛋白質製造之處，它是由蛋白質和 rRNA 所組成的[3]。一般上原核細胞的核醣體由兩個次單元所組成，分別是 50S 和 30S 次單元(S＝Svedberg unit；即離心時的沉澱速率，S 數值越大，則分子量也越大)，它們包含多種蛋白質和 rRNA 分子。較小的 30S 次單元包含 16S rRNA，而較大的 50S 次單元則包含 5S 和 23S rRNA，16S rDNA 就是在染色質上能轉錄出 16S rRNA 的基因。

　　不同的細菌擁有其獨特的 16S rDNA 序列，通過資料庫的比對可以辨別出擁有某個特定 16S rDNA 序列的細菌之種類[11, 21]，其序列取得與分析流程如圖 6.8 所示。發展 DNA 分子檢驗技術需要考慮的因素包括：(1)該基因要夠「保守」，即不同細菌之間的差異不能太大，否則就難找到能適用於極大多數細菌的 DNA 引子；(2)DNA 序列不宜太長或太短，太長的序列偵測較困難；如太短其特異性太低，辨識不易。就菌體而言，其 16S rRNA 約有 1542 個核酸，5S rRNA 則僅有 120 核酸而 23S rRNA 約為 2904 個核酸，5S rRNA 由於核酸數目太少，變異度不夠大，因此不適合用來作為鑑定標的，16S rRNA 與 23S rRNA 的變異度都夠大，是良好的製作探針目標。由於 16S rRNA 的研究歷史較悠久，大家對它的了解也比較透徹，因此應用最廣，但近年來，也有科學家漸漸使用 23S rRNA 來增加辨識能力。

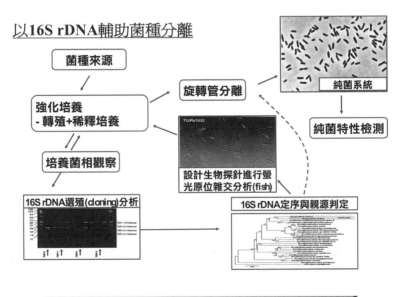

圖 6.8　利用 16S rRNA 作菌種分類流程範例[11, 21]

　　物種辨識的一個潛在疑慮是菌的種類與它能執行的功能並不一定相關。其原因在於，細菌間能藉由互傳質體(plasmid)，製造出原來不屬於它本身的蛋白質。這個物種間基因傳遞現象把「誰會做什麼事」的定義模糊化，也使得知道

誰在那裡並不代表，它一定會進行某一個生化反應。所以若以反應為導向的菌種搜尋，目前以偵測所謂「功能性基因」方法最為直接。功能性基因，如 mRNA 或某蛋白質的出現，可確定物種正從事該項反應。mRNA 是從 DNA 被轉錄而來的基因片段，體外萃取不易，在生物體內存留時間亦不長，其取得方式較 16S rRNA 困難。

此外，菌種辨識技術亦可加以利用，當成菌種存在與否的檢測工具，例如去氧核糖核酸生物晶片(DNA biochip)的製造[4, 7]。DNA 生物晶片可以 16S rDNA 基因(gene)做為探測基礎(probe-base)，能辨別細菌、病毒或其他化學或生物種類，除方便外亦可節省醫療成本和人力，是一項值得持續研究的課題。

6-3-2 生物感測[5, 6, 8, 10, 12, 13, 16]

生物感測器主要是以生物分子如抗體、抗原、酵素、蛋白質及核酸等，來做為量測某化合物或離子的工具，一般而言，其量測化合物俱選擇性並常是一可逆反應。從 Clark(1962)開發酵素電極(enzyme electrode)已來，生物感測器已有長足的進步，隨著感測技術的演進，共計發明了壓電晶體感測器(piezoelectric crystal sensor, 1964)、離子選擇性場效電晶體感測器(ion selective field effect transistor sensor, 1970)，光纖感測器(optic fiber sensor, 1975)、酵素修飾電極生物感測器(enzyme modified electrode biosensor, 1977)、生物晶片(biochip, 1980)及陣列式微電極／微機電式感測器(matrix micro-electrode/micro-machinery sensors, 1990)等，由其發展顯示，感測器尺度有微小化的趨勢並已愈來愈接近受測體大小，可預見的是，奈米生物技術的成熟，未來有可能開發出比受體小的感測器來作侵入式(invasive)檢測。

生物感測器的主要元件之一即是利用在感測器上加裝上生物元件來增加其偵測時的選擇性及靈敏度。而依照使用的生物元件不同可區分成酵素感測器(enzyme sensor)、免疫感測器(immunosensor)、受體感測器(receptor sensor)、微生物感測器(microbial sensor)[25]、細胞及組織感測器(cell and tissue sensor)、及

核酸感測器(nucleic acid sensor)等六類，其反應機制，如前一節(6-2 節)生物元件的介紹，如核酸感測器即是以 DNA 雙股的互補性來做偵測的機制[41]。

目前的生物感測器大都為體外偵測，且受限於對生物系統本身了解不夠、生物元件包埋(embedding)技術不足，及生物元件本身的選擇性不夠專一而被不反應物質所阻絕等因素的影響，故其實測應用性及準確度都有待加強。此外，無法作體內檢測是否會導致檢體在前處理過程的變質和測值不準，這些都有待確認。目前奈米技術已有所謂藥物載體(drug carrier)設計，即將藥物傳送到特定身體位置再釋放，以避免藥物的擴散與浪費。如果能把生物元件包圍在奈米顆粒中，減低非專一性的接觸並在體內直接量測檢體，則生物感測器，將可有進一步發展的空間。

6-3-3　基因操作[30, 44]

生物技術的主要目標之一是將一目標基因在一特定生物體中表現。基因操作目前可在原核及真核生物中進行，但以原核生物(如大腸桿菌、枯草桿菌)上的基因操作開發最早，也有較多的操作案例。此外，由於遺傳密碼(genetic code)的一體適用性(universality)，因此即便是真核生物的基因都可以在原核生物內表現。原核生物中的大腸桿菌，因：

1. 其表現系統已被解明。
2. 其菌株能在廉價的培養基中做高密度成長。
3. 其無害於環境等因素而被廣泛利用為蛋白製造工廠並已成為世界各大藥廠爭相研究以生產高附加價值的蛋白質[37]。

表現系統建立要素包括：

1. 啟動子(promoter)及終結子(terminator)特性。
2. 核醣體結合區與核醣體結合的能力。
3. 表現質體的數目(copy number)。
4. 利用質體或以質體併入染色體後表現。

5. 產出目標蛋白在細胞的最終位置。

6. 轉錄出的 mRNA 在核醣體的轉譯效率。

7. 產出蛋白在宿主(如大腸桿菌)的穩定性等。

　　一般而言,穩定、數量大的質體、表現力強的啓動子及多點複製區(multiple cloning sites),是建立表現系統基因架構的三大要素。

　　目前而言,標的蛋白在原核菌體中的轉錄和轉譯表現已不是問題,但表現系統和基因產物在生產過程的穩定性及原核細胞本身並沒有蛋白後修飾程序,是利用原核菌體表現的主要缺失,利用眞核表現或許可以同時避免兩者的發生,但眞核的表現系統顯然比原核來的複雜,如何構築一個良好的,甚至完美的表現系統則有待更多的努力。

6-3-4　基因治療[30, 36, 48,49]

　　自 1990 年啓動的人類基因體定序工作已經完成,有關人類生長、發育、衰老、遺傳基因的祕密也逐漸被揭開。隨著對基因的了解,基因治療(gene therapy)即是希望我們能針對一已知基因缺陷所導致的疾病進行治療。這個想法直接而簡單,但其實際的操作則是複雜又多元,其中上小節所述的基因操作能力是其必備的基本要素之一。雖然基因治療有其困難度,但大家也深信,它將成爲 21 世紀診治基因相關疾病的主要手段和方法。

　　基因治療的關鍵在於基因轉殖(gene transfer),有些基因轉殖必需採用體外培養、操作,再重新放入體內,稱爲 ex vivo;有些則可直接應用於體內,稱爲 in vivo。常見的載體包括:

1. 反轉錄病毒載體(retroviral vector)是目前使用最多的型式,載體本身是一個被包膜(envelope)覆蓋的 RNA 病毒,會經由反轉錄作用而形成雙股 DNA,再插入在宿主染色體中,達到基因轉殖及持續性表現的特性,惟此病毒只能感染分裂中的細胞,在體內又脆弱易被摧毀是其缺點。

此外反轉錄病毒有一個安全上的顧慮，即是病毒野生型會複製有能力病毒(replication competent virus)，會導致細胞突變，故使用上不得不慎。

2. 腺病毒載體(adenoviral vector)有 35 Kb，是大尺度的病毒，此一病毒顆粒穩定，可直接做體內(in vivo)轉殖，且不要細胞進行分裂，是其優點，但腺病毒不在細胞染色體中插入基因，不會在細胞內複製，故其表現是屬於短暫性的。

3. 腺衛星病毒載體(adeno-associated viral vector)是有 5 Kb 單股 DNA 的病毒，此載體能持續表現，且感染時不要求細胞分裂，缺點是它的 DNA 太小不能攜帶太大的外來基因，以上三種是屬於病毒載體的部分[17, 18, 19]。

有關非病毒載體的部分，包括：

1. 微脂粒基因轉殖(liposome-mediated gene transfer)是指利用微脂粒包覆欲轉殖 DNA 於其中，並利用細胞膜會與磷脂質熔合(fusion)的方法，進行 DNA 運送，惟此法之表現屬短期且效率不高，並未普遍被採用。

2. 受體引導之基因轉殖(receptor-mediated transfer)是利用細胞上特有的受體來接受已連上 DNA 之配體(ligand)並利用胞飲作用(endocytosis)將 DNA 送入細胞體內，惟此一方法之 DNA 在囊胞(endosome)易被分解，故其轉殖效率亦差。

3. DNA 直接注射至肌肉細胞是比較獨特的方法，結果顯示肌肉及心臟細胞在 DNA 注射後可持續表現，其他組織則否，因為此法甚為方便，是目前大家所樂於嚐試的方法。

4. 基因槍(gene gun)射入法是利用高壓加速，將塗滿想要表現 DNA 的粒子打入細胞內，以進行表現，此法所用的 DNA 量少，且可運用到多種不同的細胞、組織，甚至器官，並可以體內方式來作 DNA 表現。

由以上分析可知，利用病毒來做載體，雖然比較容易成功，但相對上其DNA 產生變異的機會易較大，非病毒載體其產生變異性雖較小，但成功機會

與宿主有關係，也比較隨機。這意味著未來有機會發展更精準 DNA 載送工具，來降低基因表現風險並增進轉殖成功機會。

6-3-5　藥物設計與藥物傳輸[48, 50]

　　生物技術的進步亦可減少在新藥研發時需投入的時間與金錢。一般藥廠開發新藥時會先大量篩選出對某種疾病有初步療效的先導藥物 (lead compound)，再進一步將其修飾，使該化合物更有活性與低毒性，此法耗時甚久，所開發新藥成功上市比率也只有萬分之一。目前，藉由了解微生物或病毒等侵入人體後所導致體內化學物質的失衡或細胞不正常增生現象，不同蛋白質及核酸在疾病中所扮演的角色也逐漸被發掘。這些生物化學或分子生物技術的使用，讓我們有機會利用相關的蛋白質或核酸為標的來做合理化的藥物設計 (rational drug design)。所以對這些與病變俱關連性的蛋白質或核酸愈清楚，則藥物開發時程會縮短、而設計出來的藥物也會愈有效力。

　　目前藥劑使用觀念已漸漸由「藥效為先」轉變到「安全及有效性為中心」。簡單的說，手指頭並沒有心律不整的問題，為什麼要把心律不整的藥傳送到全身呢？這樣的觀念導致「適時、適位、適量」的藥物療法，也就是所謂的藥物傳遞系統(drug delivery system)的概念，逐漸成為藥劑設計主流，其最終的目的在於，把藥物依需要量劑送到特定治療部位。

　　一個理想的藥物傳遞系統應包括：定位(positioning)、藥物釋放(release)、惰性覆膜(inert cover)及回饋控制(feed-back control)。要有定位功能，則其載體要小且要有選擇機制，如以受體、抗原等當成標定物；藥物釋放的速率及方式(由孔或表面)要有效、不過量、表層物質必需不會與生物分子起反應、且最好有回饋機制來做藥量控制，以達到生理需要的理想濃度。

　　目前已有的藥物載體包括：仿生物性的微脂粒(liposome)、微小球(microsphere)、微乳劑(microemulsion)等，及利用奈米技術合成的聚合微膠囊(polymeric microcapsule)[50]、鎳鋅鐵氧體之奈米磁性顆粒[15]等。不過，目前的

成效皆僅在測試階段，要達到上述理想藥物傳遞系統，顯然還得在微小化上有所突破。

● 6-4　奈米生物技術未來研究及發展

由以上各節可以看出，20 世紀中葉後的生物技術在生物科學的發展及應用，可謂一日千里，突飛猛進[40, 46, 47]。自華森與柯立克(Watson and Crick 1953)發現雙螺旋去氧核醣核酸(DNA doublehelix)是遺傳基因的基本結構，接著柯恩(Cohen 1973)進行基因重組(gene recombination)研究成功等，這些突破性的生物技術發展，成為研究基礎生命科學的基本工具。而目前積極研究中的生物技術從遺傳工程(genetic engineering)、發酵技術(fermentation technology)、酵素分析(enzyme analysis)、組織培養技術(tissue culture technique)、動、植物的細胞培養技術(cell culture technique)、胚胎移植(embryo transplatation)及細胞核移植(nucleus transplantation)等相當廣泛，對未來的影響亦不容忽視[36]。

在這麼廣泛的生物技術應用上，我們更希望看到的是如何利用新的工具與技術來對生物元件及生物反應系統作更深入的研究。在配合奈米技術開發的同時，我們應可在下列五項領域中，尋求突破與機會，包括：

1. 活體操作。
2. 生物零件製造／修補。
3. 生物體外微系統開發。
4. 新物種開發。
5. 生命起源探索。

此五項研究方向雖有難易之別，但並不需要有研究上先後的順序，其中任一項有突破也會對其它各項有所助益。在此將上述各項分別在下面段落中討論。

以目前的生物技術而言，很多的限制在於必須在體外分析來自體內的生物分子，如酵素活性及蛋白質結構等等，這些分析不僅前處理步驟複雜，且不易

得知其真實的反應結果，量測上有事倍功半的遺憾。有鑑於此，奈米生物科技工具／技術的發展應以發展能行活體內檢測／操作為目標而要達到此一目標，則需達到：

1. 侵入(invasion)。
2. 定位(positioning)。
3. 反應(reaction)。
4. 發訊(signaling)。
5. 回收(recycle)。

　　初期應利用奈米微小化的特性及技術，發展具運送載體，載體如為包覆性，則載體內側應以親生物分子為主，外側是非親生物分子；如載送物質本身就微小(如 20 個鹼基序列，約 6.8 奈米)，則必須考慮如何將生物分子固定在載體表面及其包埋程度及裸露時機等[50]。目前可用來標定生物分子的方法，包利用受體／配體、抗原／抗體等生物已有的結合上專一性來作定位，惟生物體之複雜程度可能無法以單一關係來作精準定位的工作，進一步的了解各生物元件及其功能將有助於完美定位技術的早日到來。另外，目前的檢測反應機制大都在體外進行，類似的反應機制如在生物體內執行，可能需特別考量，例如目前螢光原位雜交技術(fluorescent in-situ hybridization，FISH)在結合探針(probe)與核酸前，就已經用溶劑將細胞內部物質清洗一空，僅留下核酸物質以利序列結合反應，但相同過程如欲在活體進行，則如何將探針送入核醣體與 rRNA 結合不無問題。但從另一個角度來看，實際檢測人體內細胞反應雖是困難的，但可能只有研究時才有此須要，就一般醫學應用而言，偵測應考慮到如何將反應訊號送至便於觀察／檢測的地方，例如將反應後的產物送到肺並經由呼氣來檢測反應是否進行，或者當反應完成時，送一個訊號讓手產生癢的感覺便可。至於載體回收是希望能做到像人的免疫系統一般─當反應完成時，T 及 B 細胞會自動被分解回收，成為下一個產品的原料。這五大階段在奈米技術不足時像

是空談，但有了奈米技術後卻成了研究重點及商機所在!而這些技術如發展完成，不僅對生物技術是一種創新，對奈米技術開發上也會是一個高度的成就。

　　生物體的修補程序常常是精緻而繁複的。舉例來說，常抽煙的人因尼古丁在體內分解後，易在鹼基的含氮鹽基處形成一甲基共價鍵鍵結，稱為一個 DNA 外加物(DNA adduct)。DNA 外加物的存在增加基因突變的機會，亦即有較高致癌風險。人體在對抗這樣的情形時有兩種可能反應，其一是利用酵素系統將含氮鹽基處的甲基直接拔除，其二是利用 DNA 修復程序將幾個鹼基剪除後，再補上新的。這二個生物修補程序，自然不是三言兩語可執行完畢的，但卻已在生物體內行之有年了。在沒有奈米技術前，要在生物體內偵測、修補此一生物反應很困難。但奈米生物技術的出現卻使生物零件製造／修補，露出曙光，且因此技術具有事前疾病預防的效果，必將成醫療研發的熱門項目之一。上述清除 DNA 外加物在研究著眼上，初期宜注重如何輔助或複製這一生物修補程序，再來則應設法找出並執行最有效率又省材料的修補程序。

　　生物體外微系統開發的主要著眼點在將生物體內高效率及低失誤的反應系統，移植到生物體外來進行。目前利用生物來產出人類需要的物質已有很大的斬獲，比較有名的例子如將人類胰島素基因植入大腸桿菌中，並利用大腸桿菌來表現(產出)人類胰島素，或將蜘蛛絲蛋白利用羊來表現，並在羊奶中回收此一質輕、性堅韌的蛛絲來做防彈衣材料等都屬此類的應用。但真正把生物體反應系統在體外開發有其他的好處，以前面解釋的電子傳遞系統為例，所有耗氧生物會藉由消化有機物而在膜上產生電位差，接著再利用此一電位差經由 ATP 酵素來產生能量單元，即 ATP。試想如果此一生物建構電位系統能在體外複製，那我們將可直接利用有機物在低溫情況下產出電流，不必用石油、沒有污染、隨處可得，如此一來，能源問題將可以獲得圓滿解決。

　　新物種開發以目前的分生技術，已可在原核及少數真核生物中完成。目前已有很多所謂工程改造微生物(engineered microorganism)已被運用在測試對污染物去除的研究上。目前比較有挑戰性的研究課題正由 Hutchison, III(2003)所

領導的研究團隊執行中，他們試圖製造出一隻有最著簡單基因結構的細胞生物。目前該研究團隊以黴漿菌 Mycoplasma genitalium 為出發起點，用傳遞子 (transposon)阻擾每個菌體基因的功能表現並一一記錄其非必須的基因，研究最後會將所有與其生存上不需要的基因全部移除並利用此一精簡後的基因體來製造出一隻最簡單的細胞生物[20]。此研究的動機簡單，但其複雜程度卻甚高。Mycoplasma genitalium 的染色體 DNA 含約 50 萬個鹼基對，480 個基因，將一個一個基因移除並檢視其所造成的影響，需時甚久，此外有些基因的功能並不知曉，無法得知有無該基因時是否會造成任何影響[20]。在這研究中，奈米技術應可以用來偵測生物體中的微小變化，以確認基因所造成的影響、奈米粒子也可以取代以傳遞子阻絕基因功能的方法而進一步縮短實驗時程。Hutchison 研究團隊的成功將有助於吾人對基因功能的檢測與操作，知識價值極高。試想如果可以再把基因一個一個加回原來菌體並取得表現，即可得知／測試該新加入基因的功能，那把這個場景放大，就和「可在人體基因中加入某些基因來製造第三隻眼，或是增加腦容量等效果」相當了。

當前面的研究都有一定的成就，我們就可以試圖來回答「生命是如何開始」的問題；或者，我們也可以試著來接續秦始皇的未盡志業─長生不老。研究生命的起源，最好的方式是模擬生物尚出現前的環境來創造出生物，以目前的研究顯示，這樣的過程是耗費時日的。一個比較可行的中間步驟是「不以生物繁殖的方式來創造出生命」，舉例來說就是如何將一個個獨立的生物元件組合在一起，並讓這個組合體活起來。這有點像把貝多芬的第九交響曲的所有音符給你／妳，是否你／妳能組合出貝多芬的第九交響曲？在這個問題上，有那些元件、在那些地方、何時出現，都有可能是關鍵因素，而奈米生物技術的出現，使身在食物鏈最頂端的人類，經長時期來不斷的創新／發現，總算有機會將生物分子做更詳盡的研究並對生命的核心問題做更深入探索。

核酸生命以僅僅四個可重覆運用的鹼基，創造出接近無限可能的生命形式，而自然界以時間來測試其各種不同的可能組合，並在地球生命起始近 40

億年後得到人類。但還有那些組合是時間還沒來得及測試到的呢？會不會有更優秀的組合終將在未來取代目前的人類呢？可不可能組合出不同於核酸的生命型式？奈米生物技術的出現縮短了找到上述問題答案的時間，答案目前是不可預知的，但可以確定的是─我們不必再等另一個 40 億年去找到事實。

○ 6-5　菌相 DNA 特性分析及操作技術

　　DNA 特性分析操作一般係以特定基因區塊為目標，輔以各種不同偵測手段，區分基因差異性為目的。舉凡 DNA 親子鑑定、特定基因選植、基因物種辨識等技術皆屬之。為使讀者瞭解基因差異及辨識技術，在此將介紹以 t-RFLP 技術分析菌相特定基因，即 16S rDNA 的歸類技術及其操作流程。我們將說明如何「獲得菌相 DNA？如何截取並複製菌類 16S rDNA 基因？如何以限制酵素切割基因？最後再以定序儀分析所得切割片段特徵，藉以區別出不同存在菌相」為例，介紹此一省時、重複性佳之 DNA 操作技術。同類型技術尚包括：RFLP、DGGE、及定序分析等技術，惟 RFLP 無法解析環境樣本而 DGGE 及定序法之操作步驟及所需技術較 t-RFLP 複雜。各項操作技術之簡易流程及差異處，請參圖 6.9 所示。

　　得到菌相 DNA 的第一步，需先取得環境樣本並進行菌相 DNA 萃取，萃取出 DAN 量可由電泳法或螢光分光光度計法量測之。萃取所得 DNA 可作為基因增幅之模板並以 PCR 技術重複複製特定基因片段，惟 t-RFLP 分析所使用之引子需有螢光標記，其他方法則無。PCR 產物經限制酵素切割後產出大量特定 DNA 片段，即可進行後續分析，如 RFLP 係以電泳法分析切割後 DNA 片段特徵片段圖譜；t-RFLP 則以定序儀分析帶螢光標記之引子端 DNA 片段長度。

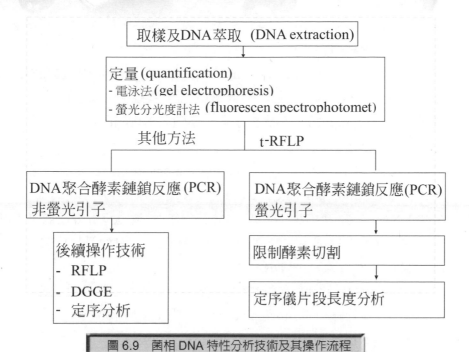

圖 6.9 菌相 DNA 特性分析技術及其操作流程

　　DNA 萃取之環境樣本來源甚廣，包括：污泥、土壤及水樣等菌體 DNA 分析。各式樣本所需之前處理或有不同，但原則上是以中性溶液清洗菌體為原則，並已包含在 DNA 萃取步驟內，其它主要步驟還包括：樣品均質化、細胞壁破壞、DNA 與細胞殘骸分離、脂質及蛋白質去除，及 DNA 純化、分離與保存等。以實際土壤菌相 DNA 萃取操作為例，其實際操作步驟如下：

1. 清洗菌體：首先將 1 克土樣加入 1mL、1X 的 PBS buffer，以震盪器(vortex)震盪 10 秒，再離心(條件：13000rpm、4℃、5 分鐘)後移除上層液；重覆此步驟直至上層液澄清為止。

2. 裂解細胞：加入 0.1 克滅菌玻璃珠(直徑= 0.1mm)，及 $300\mu L$ 的 phosphate buffer (100mM NaH_2PO_4、pH=8.0)，再加入 $300\mu L$ 的 Lysis buffer，$300\mu L$ 的 chloroform，以震盪器(vortex)震盪 5 分鐘。

3. 懸浮 DNA：於 60℃恆溫水槽培育 30 分鐘，以利 DNA 懸浮於溶液中。

4. 收集 DNA：離心(5000rpm、4℃、10 分鐘)，收集上層液 500μL(第 2、3 層分別為脂質與蛋白質)。

5. 去蛋白：加入 300μL 的 Lysis buffer，200μL 的 phenol，以震盪器震盪 5 分鐘，離心(13000rpm、4℃、5 分鐘)，而後直接加入與上層液等量之異戊醇(PCI) (約 500μL)，震盪 5 分鐘，離心(13000rpm、4℃、5 分鐘)，收集上層液 500μL。

6. 去酚：加入 500μL 的 CIA (chloroform/iso-propanol)溶液，以震盪器震盪 5 分鐘，離心(13000rpm、4℃、5 分鐘)，收集上層液 400μL。

7. 分離 DNA、去鹽類：加入 40μL、3M 醋酸鈉(此量為步驟 6 所收集上層液之 1/10)，加入 70％酒精 400μL(與步驟 6 所收集上層液等量)，離心(13000 rpm、4℃、20 分鐘)，使 DNA 沉澱。

8. 去水：加入 400μL 的 99.5％酒精(與步驟 6 所收集上層液等量)，離心(13000 rpm、4℃、5 分鐘)，以 micropipette 小心吸出上層液，至離心管(tube)環狀處，只留底部沉澱顆粒(pellet)，於 35℃下烘乾。

9. 保存 DNA：加入 100μL 之 TE buffer，保存於–20℃或進行電泳或螢光分光光度定量分析。

　　經上述步驟萃取得到 DNA 長度約有數萬鹼基對，如欲檢測萃取 DNA 數量，可用洋菜凝膠(agarose jel)電泳法或螢光分光光度計法量測之。電泳(electrophoresis)是指荷電粒子(charged particle)受外加電場作用而泳動的現象；不同離子因其形狀、質量、荷電量及與溶液介質間的作用等因素之差異，使其泳動速度不盡相同而達成分離之目的，而利用此方式進行分離之技術，則稱為電泳分離。一般而言，洋菜凝膠電泳法可分析之雙股螺旋結構 DNA 分子(double-stranded DNA fragment)的範圍為 70bps(3％之洋菜凝膠)至 800000 bps(0.1％之洋菜凝膠)。進行洋菜凝膠電泳分析，須先製作洋菜膠片，其製作方法為：

1. 0.5X TAE buffer 製備：取 10mL 50X TAE dilution to 1L。

2.　1.2% Agarose gel 配製：秤 1.2g agarose 加入 100mL TAE buffer 於血清瓶中，置於微波爐中(約 2 分鐘且分次加熱)使溶解，待液體澄清，倒入鑄膠盤中製成膠片，此膠片濃度為觀察 DNA 萃取及 PCR 產物用。

3.　4% Agarose gel 配製：秤 4g agarose 加入 100mL TAE buffer 於血清瓶中，置於微波爐中(約 2 分鐘且分次加熱)使溶解，待液體澄清，倒入鑄膠盤中製成膠片，此膠片濃度為觀察 RFLP 產物用。

　　進行洋菜凝膠電泳分離時，先將洋菜膠片浸泡於電泳緩衝溶液中，隨後再將待分析之 DNA 樣本(sample)載入(load)洋菜膠片之樣本槽(well)中，接著於兩端施與電壓(100 volts)，約 20～25 分鐘。由於 DNA 分子帶負電性，故電場的陰極(cathode)必須靠向樣本槽，此時帶有負電荷之 DNA 分子會依不同分子大小，以不同的電泳速度從陰極向陽極移動，其操作如圖 6.10 所示。

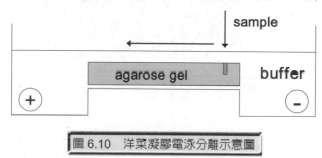

圖 6.10　洋菜凝膠電泳分離示意圖

　　實際電泳實驗操作步驟如下：

1.　將膠片置於含 0.5X TAE buffer 中的電泳槽，buffer 需浸蓋過膠片。

2.　剪一塊 Parafilm 取 1uL 的 6X Dye 與 1uL 的 marker(sample)混合，打入膠片的樣品槽(well)中。

3.　設電壓為 100V，電流方向為由負→正，時間約 20～25 分鐘。

4.　取出膠片放置於 EtBr 槽中，浸泡 20～25 分鐘，進行 DNA 染色，再以 UV Box 觀看其結果並照相。

圖 6.11 為自土樣中萃取所得 DNA 電泳膠片，其中第 5 行位置為不同 DNA 片段之標準圖譜，餘為取得 DNA 量之顯示圖譜。亮帶之明亮度可視為 DNA 萃取量之多寡。

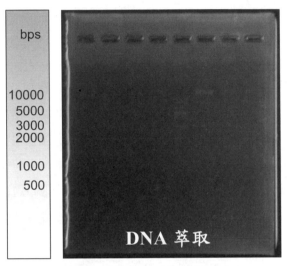

圖 6.11 DNA 萃取之電泳膠片結果

另一個 DNA 量測方法為螢光分光光度計法，係利用特定染劑僅吸附於雙股 DNA 上，該染劑經紫外光激發後產出特定波長光源，可用此光源強度來判別 DNA 含量的一項技術。在此介紹以 PicoGreen ds DNA 定量試劑藥組分析步驟，包括：

1. 準備 1X 的 TE 緩衝液：從 PicoGreen ds DNA 定量試劑組中，取出 1mL 20X 的 TE 緩衝液(為試劑組內 B 成分)，以 19mL 的滅菌蒸餾水稀釋。

2. 準備染劑(試劑組內 A 成分)：依樣本數多寡準備所需染劑量，以 10 個分析樣品為例，需 10μL 染劑及 9990μL 1X TE 緩衝液。

3. 準備 2μg/mL 標準儲備液：取 30μL DNA 標準液(試劑組內 C 成分)與 1.47mL 的 1 倍 TE 緩衝液混合。

4. 準備標準溶液：以標準儲備液依濃度做不同稀釋得出 4-6 種標準溶液，內含標準 dsDNA 量。

5. 製作標準曲線：以 RF1501 螢光分光光度計，測定每一標準溶液並製作標準曲線。

6. 樣本測定：混合固定量的 DNA 樣本及 1X TE 緩衝液共 1mL，然後再混合 1mL 稀釋後之染劑，所得的 2mL 溶液以 RF1501 螢光分光光度計進行測定。將所得測值以標準曲線對應後可得其內雙股 DNA 含量。

此一量測方法在準確度上遠較電泳膠片法爲佳，惟分析所需藥組成本較高，但如需較精準定量 dsDNA 量的情況下，建議使用。

當樣本中 DNA 取得後，爲針對後續特定基因分析，常需大量複製特定基因，此技術稱聚合酶連鎖反應(Polymerase Chain Reaction，PCR)。PCR 技術是於 1983 年由美國的 Kary Mullis 所發現，此技術在 DNA 操作上廣泛被使用，更被視爲生物技術發展重大突破之一。聚合酶連鎖反應迅速、直接利用引子(primer)複製目標微生物定基因片段。目前聚合酶連鎖反應，是藉由嗜熱菌之耐高溫 DNA 聚合酵素(Taq DNA polymerase)，配合特定引子(primer)，經過溫度循環控制，來複製大量目標 DNA 片段。

進行 PCR 擴增時所添加藥品包括：正反引子、各式核甘酸及 DNA 模版。爲避免樣品中干擾物質影響，亦常有抗干擾物質添加。以截取菌相 16S rDNA 爲例，其添加項目及添加量，如表 1 所示；其所使用引子序列，如表 2 所示；而其溫度梯度基因擴增儀之溫控條件，如表 3 所示。溫度循環的作用包括：(1) 變性反應(denaturation)，係利用高溫(92℃～95℃)使雙股模板 DNA 分離，(2) 緩冷配對反應(annealing)，係指將溫度降低(40℃～52℃)，使引子(primer)與單股模板 DNA 煉合(3)延長反應(extension)，係再將溫度升至 72℃，經由 DNA 聚合酵素作用使得引子延伸而合成新的 DNA 股。此三步驟爲一週期的反覆進行，DNA 的量則每進行一週期就會倍增。以進行 n 次溫度循環爲例，PCR 最終產出特定基因片段數爲最初該基因數之 2^n 倍。圖 6.12 爲以菌相 DNA 模版

進行 16S rDNA 基因增幅之膠片結果，該基因片段在上述菌相引子操作下所得片段長度約在 1500 個鹼基對長度。

表 6.1　PCR 添加之藥品及藥品添加量

	Bacteria	Archaea
Component of sample	8-27f & 1491-1509r	109f & 912r
Water(PCR using)	1.5 μL	1.5 μL
BSA	5.5 μL	5.5 μL
Forward Primer(10 mM)	0.25 μL	0.25 μL
Reverse Primer(10 mM)	0.25 μL	0.25 μL
2X PCR Super Mix	12.5 μL	12.5 μL
Template DNA	5 μL	5 μL
Total(μL)	25	25

表 6.2　PCR 擴增 16S rDNA 所使用之引子

Specificity	Primer	Sequence(5'－3')	References
Bacteria	8-27f	AGA GTT TGA TCC TGG CTC AG	Andreas et al. 2004
	1491-1509r	GGT TAC CTT GTT ACG ACT T	
Archaea	109f	ACG GCT CAG TAA CAC GT	Egert et al. 2003
	912r	CTC CCC CGC CAA TTC CTT TA	

表 6.3　聚合酶連鎖反應(PCR)之溫控條件

Cycle	denaturation	annealing	elongation
First cycle	94℃/ 5min	0	0
Subsequent cycle(30 cycles)	95℃/ 30sec	52℃/ 1min	72℃/ 2min
Subsequent cycle(1 cycles)	-	-	72℃/ 5min
Last cycle	0	0	4℃

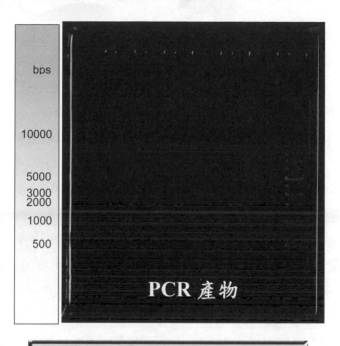

bps

10000

5000
3000
2000
1000

500

PCR 產物

圖 6.12　菌種 16S rDNA 經 PCR 擴增之膠片結果

　　當經 PCR 操作並取得一定量之特定基因片段後，可藉由多種方式，分析該特定基因片段並瞭解生物系統中菌相中之該基因之分布狀態，其中較常用之分析法包括：RFLP 法係以限制酵素消化方式來比較不同 16S rDNA 斷片條紋圖譜之間的差異，進而得知不同環境樣品中微生物種類結構的相似度；DGGE 法係以雙股基因不同開合程度，造成該基因片段在電泳有不同圖譜而得知不同基因片段之分布。在此我們介紹以 t-RFLP 技術解析菌種 16S rDNA 片段，並藉以瞭解微生物系統中利用菌相 DNA 歸類分析方法。

　　末端限制片段長度多態性 (terminal restriction fragment length polymorphism，t-RFLP) 的技術是目前最為普遍之微生物 DNA 指紋評估方法，被廣泛地運用於菌相分類與追蹤相關研究，即使在未知的菌群結構下，DNA 指紋法亦能提供快速樣品分析，並可廣泛運用在各種環境微生物樣本。利用 t-RFLP 技術於族群差異之分析，對微生物歸類、親緣解析和定量上可提供較

合理資訊，亦可同時運用於菌群結構差異比較並得知微生物系統中可能出現微生物群。

　　t-RFLP 分析時，先由 DNA 萃取步驟得到菌相 DNA 並執行 PCR 以截取各式菌群的 16S rDNA 基因片段。PCR 擴增步驟中所添加引子，其中正／反向引子(Forward primer)皆可在 5 端帶上螢光標記，故經 PCR 產出物皆為有螢光標記的 DNA 基因片段；隨後該基因片段再以限制酵素進行切割並通過定序儀片段分析，即可得知末端限制片段長度。常用的限制酵素包括：Hae Ⅲ、Rsa Ⅰ、Msp Ⅰ 及 Hha Ⅰ 等，而限制片段長度(restriction fragment length)係來自限制酵素的消化產物，經與資料庫資料經模擬酵素切割後，即可經比對兩者序列長度而可判斷出環境樣本中菌種為何。在 DNA 片段分析上，以 Beckman Coulter 定序儀(分析系統 CEQ ™ 8000)為例，其原理係利用 DNA 帶電之特性，將 DNA 注入含有液態膠體之毛細管柱(Separation Capillary Array 33 -75B)中，利用電壓牽引毛細管中的 DNA 向雷射移動。不同長度的 DNA 片段在毛細管柱中的移動速度不同，故短片段 DNA 較快通過毛細管受到雷射激發而被螢光偵測器量測到，且 DNA 同一片段數量越多，在分析圖譜上所表現之強度越高。

　　圖 6.13 係以上述 DNA 萃取及 PCR 技術取得 Stenotrophomonas maltophilia 的 16S rDNA 並以 Hae Ⅲ、Rsa Ⅰ、Msp Ⅰ 及 Hha Ⅰ 等四種限制酵素分析執行 DNA 切割，再將切割後片段以定序儀分析之圖譜。由圖中可大約估算出現在上述四種限制酵素切割後，其末端限制片段長度片段不同，分別約為 230、380、430 及 500bps。

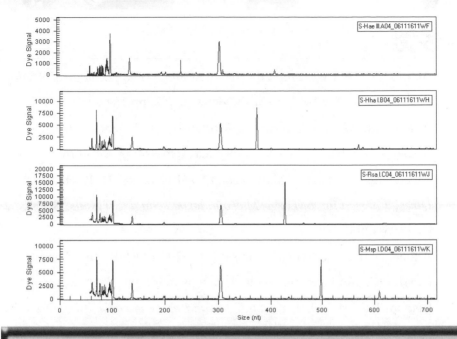

圖 6.13　以 HaeⅢ、RsaⅠ、MspⅠ及 HhaⅠ等四種限制酵素分析 Stenotrophomonas maltophilia 的 16S rDNA 圖譜，出現片段長度分別約為 230、380、430 及 500bps

參考文獻

[1] Adams, M. W. W., and Edward I. Stiefel. 1998. *Biological Hydrogen Production*： *Not So Elementary*. Science **282**. pp.1842-1843.

[2] Adams, M. W. W., Leonard E. Mortenson, and Jiann-Shin Chen. 1981. *Hydrogenase*. Biochimica et Biophysica Acta **594**. pp.105-176.

[3] Aizenberg, J., David A. Muller, John L. Grazul, and D. R. Hamann. 2003. *Direct Fabrication of Large Micropatterned Single Crystals*. Science **299**. pp.1205-1208.

[4] Anderson, P., and Barry Ganetzky. 1997. *An Electronic Companion to Gentics*. Cogito Learning Media, Inc. New York. pp.304.

[5] Bishop, M. J. E. 1999. *Genetics Databases*. Academic Press. New York. pp.295.

[6] Bogue, R. W. 1997. *Novel Fibre Optic Live Cell Biosensor*. Biosensors & Bioelectronics **12**. pp.xxv-xxvi.

[7] Bousse, L. 1996. *Whole cell biosensors*. Sensors and Actuators B **34**. pp.270-275.

[8] Bulyk, M. L., Erik Gentalen, David J. Lockhart, and George M. Church. 1999. *Quantifying DNA-protein interactions by double-stranded DNA arrays*. Nature Biotechnology **17**. pp.573-577.

[9] Cai, C.-X., Lu-Hua Yin, Kuan-Hong Xue. 2000. *Electrocatalysis of NADH oxidation at a glassy carbon electrode modified with pyrocatechol sulfonephthalein*. Journal of Molecular Catalysis A：Chemical **152**. pp.179-186.

[10] Campbell. 2003. *Biology-concepts and connections 4/e*. Von Hoffmann Press, Inc. San Francisco. pp.781.

[11] Cane, C., I. Gracia and A. Merlos. 1997. *Microtechnologies for pH ISFET chemical sensors*. Microelectronics Journal **28**. pp.389-405.

[12] Chen, Shyi-Tien, 2002, Use of Molecular Method for Identifying Anaerobic PCP Degraders, Rearch proposal, Nagaoka University of Science and Technology.

[13] Corbisier, P., Daniel van der Lelie, Brigitte Borremans, Ann Provoost, Victor de Lorenzo, Nigel L. Brown Jonathan R. Lloyd, Jonathan L. Hobman, Elisabeth Csoregi, Gillis Johansson, Bo Mattiasson. 1999. *Whole cell- and protein-based biosensors for the detection of bioavailable heavy metals in environmental samples*. Analytica Chimica Acta **387**. pp.235-244.

[14] Counningham, A. J. 1998. *Introduction To Bioanalytical Sensors*. John Wiley & Sons, Inc. New York. pp.418.

[15] Crosby, D. G. 1998. *Environmental Toxicology and Chemistry*. Oxford University Press, Inc. New York. pp.336.

[16] Drum, R. W., and Richard Gordon. 2003. *Star Trek Replicators and Diatom Nanotechnology*. TRENDS in Biotechnology **21**. pp.325-328.

[17] Fu, C. M., 2003, Associate Professor of Physics Department, National Kaohsiung Normal University, Personal communication.

[18] Gardner, J. W., John Wiley E Sons,. 1997. *Microsensors：Principles and Applications*. microelectronics Journal **28**. pp.199-204.

[19] Harper, D. R. 1998. *Molecular Virology*. Springer-Verlag. New York. pp.188.

[20] Hurst, C. J.(2000). *An Introduction to Viral Taxonomy and the Proposal of Akamara, a Potential Domain for the Genomic Acellular Agents*. Viral Ecology. pp.41-62.

[21] Hurst, C. J., Ronald L. Crawford, Guy R. Knudsen, Michael J. McInerney, and Linda D. Stetzenbach. 2002. *Manual of Environmental Microbiology*. 1138.

[22] Hutchison, III, C., Kenan Professor of Microbiology and Immunology, University of North Carolina at Chapel Hill, 2003, Personal communication.

[23] Imachi, H., Assistant Professor, Nagaoka University of Science and Technology, 2003, Personal communication.

[24] Ingraham, J. L., Moselio Schaechter and Frederick C. Neidhardt. 1997. *An Electronic Companion to Beginning Microbiology*. Cogito Learning Media, Inc. New York. pp.324.

[25] Joklik, W. K., Lars G. Liungdahl, Alison D. O'Brien, Alexander von Graevenitz, and Charles Yanofsky.(1999). *Microbiology-A Centenary Perspective*. pp.584.

[26] Jones, Steve, 1996，遺傳學，立緒文化事業有限公司，新店市，178 頁。

[27] Lens, P., Dirk de Beer, Care Cronenberg, Simon Ottengraf and Willy Verstraete. 1995. *The use of microsensors to determine population distributions in uasb aggregates*. Wat. Sci. Tech. **31**. pp.273-280.

[28] Lopez, W., Miehlke. 1994. *Enzymes\The Fountain of Life*. The Neville Press,Inc. pp.330.

[29] Madigan, M. T., John M. Martinko, and Jack Parker. 2002. *Brock Biology of Microorganisms*. Prentice-Hall Inc. New Jersey. pp.1104.

[30] Malacinski, G. M., and David Freifelder. 1998. *Essentials of Molecular Biology*. Jones and Bartlett Publishers. Boston. pp.532.

[31] Matsunaga, T. 2004. *Nano-Biotechnology-Molecular Architecture of Bacterial Magnetic Particles and their Application.* June 10th, 2004 Checked. http://www.arofe.army.mil/reports/mechanical/f2-3.htm.

[32] Mertens, T. R., and Robert L. Hammersmith. 1998. *Genetics Laboratory Investigations.* Prentice Hall. New Jersey. pp.275.

[33] Molloy, J. E., and Claudia Veigel. 2003. *Molecular Motors.* IEE proceedings-Nanobiotechnology. **150**.

[34] Nelson, D. L., and M M. Cox. 2000. *Lehninger Principles of Biochemistry.* Worth Publishers. pp.1152.

[35] Orr, M. T. a. J. W. 2000. *Enzymatic Conversion of Sucrose in Maple Tree Sap to Hydrogen.* pp.32.

[36] Parker, M. M. 1997. *Biology of Microorganisms.* Prentice Hall. U.S.A. pp.1016.

[37] Passarge, E. 1995. *Color Atlas of Genetics.* Thieme Medical Publishers, Inc. New York. pp.411.

[38] Peters, J. W., Willian N. Lanzilotta, Brian J. Lemon, and Lance C. Seefeldt. 1998. *X-ray Crystal Structure of the Fe-Only Hydrogenase(CpI)from Clostridium pasteurianum to 1.8 Angstrom Resolution.* Science **282**, pp.1853-1858.

[39] Rensberger, Boyce, 1998，一粒細胞見世界，天下遠見出版股份有限公司，三重市，356 頁。

[40] Ricca, E., and Simon M. Cutting. 2003. *Emerging Applications of Bacterial Spores in Nanobiotechnology.* Journal of Nanobiotechnology **1:6**. pp.1-10.

[41] Robbins-Roth, Cynthia, 2001，生物科技大商機，聯經出版事業公司，台北市，274 頁。

[42] Sebald, M. 1993. *Genetics and Molecular Biology of Anaerobic Bacteria*. 703.

[43] Shapton, D. A., and R. G. Board. 1971. *Isolation of Anaerobes*. pp.270.

[44] Shionoya, G. 2004. *Using DNA to Line Up Metal atoms*. June 1st, 2004 Checked. http://www.chem.s.u-tokyo.ac.jp/~bioinorg/.

[45] Siefert, J. L., and G. W. Fox. 1998. *Phylogenetic Mapping of Bacterial Morphology*. Microbiology **144**. pp.2803-2808.

[46] Sleytr, U. B., E. M. Egelseer, D. Pum, and B. Schuster. (2004). *S-Layers*. Nanobiotechnology：Concept, Methods and Perspectives. pp.77-92.

[47] Smith, J. E. 1996. *Biotechnology*. Cambridge University Press. pp.236.

[48] Souteyrand, E., J. P. Cloarec, J. R. Martin, M. Cabrera, M Bras, J. P. Chauvet, V. Dugas, F. Bessueille. 2000. *Use of microtechnology for DNA chips implementation*. Applied Surface Science **164**. pp.246-251.

[49] Tietz, D. 1998. *Nucleic Acid Electrophoresis*. pp.328.

[50] van Buskirk, R. G. 1997. *An Electronic Companion to Molecular Cell Biology*. Cogito Learning Media, Inc. New York. pp.323.

[51] Wong, D. W. S. 1997. *The ABCs of Gene Cloning*. Chapman & Hall. New York. pp.213.

[52] Woodward, J., and Mark Orr. 1998. *Enzymatic Conversion of Sucrose to Hydrogen*. Biotechnology Progress **14**. pp.897-902.

[53] 中國工程師學會編，2002，台灣生物技術產業之環境管理研討會，101頁。

[54] 王文祥譯，馬古利斯與薩根著，1997，演化之舞，天下文化出版股份有限公司，台北市，378頁。

[55] 台大醫學院編，1998，進階版生物技術，台大醫學院，557頁。

[56] 吳茂昆與楊日昌. 2004. 2004 台灣年鑑-國家型奈米科技計畫. 2004 年 6 月，http://www.gov.tw/EBOOKS/TWANNUAL/show_book.php?path=2_005_001.

[57] 李權益，1998，分子生物學，合記圖書出版社，台北市，501 頁。

[58] 奈米技術產業化企業領袖高峰論壇，2000，世紀引擎 NanoFuture 2010。

[59] 國科會生物產氫整合型計畫，2001，國科會生物產氫整合型計畫研究成果發表成果，國科會工程科推展中心、成功大學環境工程系、鄭幸雄教授研究室等聯合舉辦。

[60] 霍格蘭與竇德生，2002，觀念生物學 1，天下遠見出版股份有限公司，三重市，223 頁。

[61] 霍格蘭與竇德生，2002，觀念生物學 2，天下遠見出版股份有限公司，三重市，243 頁。

Nanotechnology
奈米工程概論

勘 誤 表

書　號		
書　名		作　者
頁　數	行　數	錯誤或不當之詞句	建議修改之詞句

我有話要說：(其它之批評與建議，如封面、編排、內容、印刷品質等‧‧‧)

讀者回函卡

ok！（請由此線剪下）

填寫日期：　　／　　／

姓名：＿＿＿＿＿＿＿＿＿　生日：西元＿＿＿年＿＿月＿＿日　性別：□男 □女

電話：（　　）＿＿＿＿＿＿＿　傳真：（　　）＿＿＿＿＿　手機：＿＿＿＿＿＿

e-mail：（必填）＿＿＿＿＿＿＿＿＿＿＿＿＿

註：數字零，請用 ⊘ 表示，數字 1 與英文 L 請另註明並書寫端正，謝謝。

通訊處：□□□□□

學歷：□博士 □碩士 □大學 □專科 □高中‧職

職業：□工程師 □教師 □學生 □軍‧公 □其他

學校 / 公司：＿＿＿＿＿＿＿＿　科系 / 部門：＿＿＿＿＿＿

‧需求書類：

□ A. 電子 □ B. 電機 □ C. 計算機工程 □ D. 資訊 □ E. 機械 □ F. 汽車 □ I. 工管 □ J. 土木

□ K. 化工 □ L. 設計 □ M. 商管 □ N. 日文 □ O. 美容 □ P. 休閒 □ Q. 餐飲 □ B. 其他

‧本次購買圖書為：＿＿＿＿＿＿＿＿＿＿＿　書號：＿＿＿＿＿＿＿

‧您對本書的評價：

封面設計：□非常滿意 □滿意 □尚可 □需改善，請說明＿＿＿＿＿＿

內容表達：□非常滿意 □滿意 □尚可 □需改善，請說明＿＿＿＿＿＿

版面編排：□非常滿意 □滿意 □尚可 □需改善，請說明＿＿＿＿＿＿

印刷品質：□非常滿意 □滿意 □尚可 □需改善，請說明＿＿＿＿＿＿

書籍定價：□非常滿意 □滿意 □尚可 □需改善，請說明＿＿＿＿＿＿

整體評價：請說明＿＿＿＿＿＿＿＿＿＿＿＿＿＿＿

‧您在何處購買本書？

□書局 □網路書店 □書展 □團購 □其他

‧您購買本書的原因？（可複選）

□個人需要 □幫公司採購 □親友推薦 □老師指定之課本 □其他

‧您希望全華以何種方式提供出版訊息及特惠活動？

□電子報 □ DM □廣告　（媒體名稱＿＿＿＿＿＿＿）

‧您是否上過全華網路書店？（www.opentech.com.tw）

□是 □否　您的建議＿＿＿＿＿＿＿＿＿＿

‧您希望全華出版那方面書籍？＿＿＿＿＿＿＿＿＿

‧您希望全華加強那些服務？＿＿＿＿＿＿＿＿＿